LUIS HERNÁNDEZ ENCINAS

TÉCNICAS DE TAXONOMÍA NUMÉRICA

editorial
LA MURALLA, S.A.

HESPÉRIDES

Cuadernos de Estadística
Dirección: Ramón Ardanuy Albajar
Juan Etxeberria Murgiondo
Gregorio Rodríguez Gómez
Francisco J. Tejedor Tejedor

Constancia, 33. 28002 Madrid
c/ Bolivia, 8. Pol. Los Villares
37184 Villares de la Reina (Salamanca)

ISBN: 84-7133-715-0
Depósito legal: 34.224-2001
Printed in Spain – Impreso por Ibérica Grafic, S. A. (Madrid)

ÍNDICE

1
INTRODUCCIÓN

Desde los primeros pasos de los hombres sobre la Tierra, uno de sus primeros quehaceres fue el de simplificar, de alguna manera, todo aquello que le rodeaba, de modo que le fuera más comprensible. De esta forma, podemos decir que una de las primeras actividades de los seres humanos fue la de la clasificación de los objetos y cosas que le rodeaban. Esta necesidad de comprender lo que le rodeaba no fue hecha de forma sistemática en sus orígenes. Podemos decir que la primera clasificación sistematizada llevada a cabo por el hombre procede del mundo de la Biología, y de forma más concreta de la Zoología, es decir, de la clasificación de los seres vivos en diferentes clases según el «Sistema Natural» de C. Linneo.

El objetivo fundamental de esta clasificación consiste en separar o diferenciar los diferentes seres vivos según que posean o no diferentes características. En este caso, el «Sistema Natural» recurre a una clasificación (Orden, Familia, Género, Especie) basada en la posesión o ausencia de determinadas características físicas y no en una clasificación basada en números o cifras.

Esta idea de llevar a cabo una clasificación sistemática de los seres vivos ha sido extendida desde entonces a numerosas ramas de la Ciencia: Botánica, Microbiología, Geología, Psicología, Paleontología, etc. Hay que señalar que no en todos los casos las clasificaciones se han llevado a cabo de la misma forma, es decir, no todas son de carácter cualitativo. Sin embargo, lo que todas estas clasificaciones tienen en común es el objetivo que persiguen: separar o dividir los individuos que se estudian (ya sean plantas, microbios, rocas, seres humanos, etc.) en diferentes clases o grupos, de modo que todos los individuos que pertenecen a una misma clase son «parecidos» entre sí y «diferentes» de los individuos que pertenecen a otra clase distinta.

Los conceptos de ser «parecidos» o ser «diferentes» no están definidos de forma muy categórica en este contexto, pero todos entendemos, de forma genérica, a lo que nos estamos refiriendo. Así, para todos resulta claro que una rana de San Antón se «parece» más a un sapo común que a un conejo. No obstante, también resulta claro que tanto la rana como el sapo son muy «diferentes». Se trata, por tanto, de conseguir grupos o clases de individuos de modo que tengan características generales comunes, aunque haya individuos del mismo grupo o clase que tengan algunas características diferentes.

A lo largo de esta monografía vamos a presentar diferentes técnicas y procedimientos para conocer cómo se pueden obtener clasificaciones dentro un grupo de individuos, recurriendo a las propiedades que los definen. Para ello, además de presentar algunas de las herramientas matemáticas que permiten determinar las semejanzas entre los individuos para agruparlos, también comentaremos diferentes formas de cómo llevar a cabo tales agrupaciones. Además, todo ello vendrá acompañado por el uso de ordenadores y de las explicaciones de algún programa informático que nos ayude a llevar a cabo tales clasificaciones.

Así, daremos un breve repaso a lo que se conoce como la *Taxonomía Numérica*, es decir, a un conjunto de herramientas que permiten clasificar individuos teniendo como base diferentes métodos numéricos. Posteriormente se analizarán los llamados *Análisis de Conglomerados* (o *de Clusters*, si se sigue la terminología inglesa), que son un conjunto de técnicas estadísticas que llevan una sistemática diferente, aunque su objetivo sea el mismo: conseguir clasificar en conglomerados o grupos similares a los individuos de una muestra. Como problema añadido y más concreto, pero relacionado con este mismo objetivo, consideraremos el caso en el que la cantidad de individuos a clasificar sea tan grande que su manejo no pueda ser llevado a cabo por un ordenador con las técnicas del Análisis de Conglomerados (por problemas de capacidad de memoria, por ejemplo), lo que nos llevará a considerar otro tipo de análisis alternativo, como el es *Análisis de Conglomerados Mixtos* (o *Rápidos*).

Para cada uno de estos dos tipos de Análisis desarrollaremos un ejemplo, de forma manual, con sólo unos pocos datos, de modo que se pueda comprender y apreciar cómo se trabaja con individuos para obtener grupos, clases o conglomerados. Posteriormente se explicará cómo se puede llevar a cabo este trabajo mediante un ordenador y un programa o paquete estadístico, comentándose las salidas que proporciona dicho programa. Finalmente, se desarrollarán otros ejemplos procedentes de diferentes disciplinas, de modo que pongan de relieve la versatilidad de este tipo de análisis.

2
TAXONOMÍA NUMÉRICA

2.1. TAXONOMÍA Y TAXONOMÍA NUMÉRICA

Como primer aspecto de las técnicas de clasificación, vamos a analizar en qué consiste la Taxonomía Numérica.

De forma general, la *Taxonomía* puede considerarse como «el estudio teórico de las clasificaciones, incluyendo sus bases, principios, procedimientos y reglas» (Simpson, 1961); donde se entiende por clasificación a la ordenación de individuos en grupos o conjuntos en base a sus relaciones. Así, la Taxonomía puede considerarse como la ciencia que dispone a los individuos en una jerarquía de clases que busca descubrir el equilibrio de las especies, sus semejanzas y sus parentescos. Su principal objetivo es el de conocer la esencia de lo general y dejar de lado las diferencias particulares de los individuos.

En las ciencias de la naturaleza, la Taxonomía se ha utilizado para realizar clasificaciones con diferentes fines. Así, como ya hemos mencionado en la Introducción, la sistemática sobre el reino animal y sobre el reino vegetal son, sin duda, las más vastas clasificaciones que el hombre ha elaborado. Estas dos clasificaciones son, como es sabido, el origen de los diferentes tipos de clasificaciones, y que tienen su antecedente en el «Sistema Natural» de Carolus Linnaeus (Carl af Linne o más sencillamente Linneo, 1707-1778). Como es sabido, Linneo describió miles de especies utilizando una nomenclatura binomial, es decir, asignó a cada individuo, tanto del reino animal como del vegetal, dos palabras latinas que designaban el género y la especie a la que pertenecía. De este modo cada ser vivo estaba «etiquetado» científicamente y permitía relacionarlo con el resto de las demás especies. A modo de ejemplo, baste recordar, por ejemplo, la denominación de los leones, panteras, leopardos, tigres, etc., como seres vivos del género *panthera*; o el género *quercus* que engloba a encinas, robles y alcornoques. De forma más específica, dentro del género *panthera* están las especies *leo* (león), *tigris* (tigre) o *pardus* (leopardo). Esta clasificación constituye una jerarquía organizada en niveles, de modo que cada clase disjunta de cada nivel constituye una taxa o grupo.

De forma particular, la *Taxonomía Numérica* estudia «la agrupación por métodos numéricos de unidades taxonómicas [o individuos] en taxas [o grupos de unidades taxonómicas] sobre las bases de sus estados característicos» (Sneath y Sokal, 1973). En definitiva, se trata de llevar a cabo clasificaciones de individuos de modo que para determinar cuándo dos individuos pertenecen a la misma clase se utilizan criterios numéricos.

La Taxonomía Numérica aparece por la necesidad de sistematizar las clasificaciones y ordenaciones mediante algoritmos numéricos. Esta taxonomía cuantitativa fue fundada por investigadores prácticos con pocos conocimientos de Álgebra (Benzécri *et al.*, 1973) y que, por otra parte, no disponían de ordenadores. Sus primeras ideas se han ido sistematizando y ampliando, de modo que ahora estas técnicas pueden ser aplicadas a cualquier tipo de individuos, con el fin de conseguir determinadas clasificaciones de los mismos. Sokal y Sneath (1963) fueron los primeros en establecer los principios de la Taxonomía Numérica y en la actualidad su desarrollo ha sido muy espectacular gracias a la aparición y evolución de los ordenadores de alta capacidad y velocidad.

Las ventajas de la Taxonomía Numérica sobre la Taxonomía son claras, dado que se recurre al uso de algoritmos numéricos, y pueden resumirse como sigue:

1. Se pueden considerar datos numéricos procedentes de multitud de fuentes.
2. Es más eficiente puesto que los procesos se pueden automatizar.
3. Los datos codificados mediante números se pueden integrar en bases de datos ya existentes para extender catálogos, mapas, etc.
4. Dado que los datos son cuantitativos, los métodos utilizados proporcionan mayor discriminación entre los grupos.

2.2. Fundamentos, técnicas y procedimientos

Después de la definición de la Taxonomía Numérica y de los objetivos que pretende, sus fundamentos son bastante sencillos y claros. Los podemos resumir de la siguiente manera:

1. Cuanto mayor sea el contenido de la información de cada individuo y cuantas más variables o caracteres lo definan, mejor será la clasificación que se obtendrá.
2. Inicialmente, cada carácter tiene el mismo peso que los demás para la determinación de las clases de individuos.
3. La similitud de conjunto entre dos clases cualesquiera es función de las similitudes individuales de los caracteres que se están comparando.
4. Se pueden reconocer grupos diferentes por las correlaciones de los diversos caracteres en los grupos de individuos.

Sin embargo, no todo es tan sencillo como parece. Se debe tener en cuenta que en muchas ocasiones pueden aparecer problemas derivados de la falta de concreción en la definición de las clases; por un exceso de información que impide determinar características generales; por una mala elección en las características que definen la clasificación; por una clasificación en la que se producen solapamientos, es decir, en la que hay individuos que pueden pertenecer a diferentes clases, etc.

En los trabajos de Taxonomía Numérica hay dos técnicas habituales a la hora de abordar el estudio de una matriz de datos, son las llamadas *técnica R* y *técnica Q* (Sneath y Sokal, 1973; Le Maitre, 1982). La técnica *R* estudia la asociación entre pares de variables sobre todos los individuos, y la técnica *Q* examina, por el contrario, la asociación entre pares de individuos sobre todas las variables. La decisión de optar por una u otra técnica dependerá de la investigación a realizar.

El objetivo de la Taxonomía Numérica es, por tanto, el de construir clasificaciones, que sigan una determinada jerarquía, basadas en las semejanzas de los individuos a clasificar. Que las clasificaciones sean jerárquicas tiene su explicación por el hecho de que una vez que se consideran los individuos objeto del estudio y éstos se van agrupando, es necesario establecer un proceso jerárquico de modo que el procedimiento de agrupación pueda dar lugar a grupos más o menos homogéneos, según el grado de precisión que se desee conseguir.

A modo de ejemplo artificioso, pero clarificador, puede considerarse la siguiente situación en la que se desean clasificar 10 ranas. En primera instancia podría considerarse una clasificación extrema en la que cada una de las ranas formara un único grupo o clase, dado que todas ellas son diferentes. Como clasificación en el extremo contrario se podría considerar una única clase formada por las 10 ranas porque todas ellas tienen en común el hecho de ser ranas. Entre una y otra clasificación caben clasificaciones intermedias, a modo de estructura jerárquica, de modo que podrían considerarse tres grupos, si por ejemplo hubiera 4 ranas de San Antón, 3 ranas de uñas (las utilizadas para determinar embarazos) y 3 ranas tintoreras (una especie de rana venenosa del trópico americano). O dos grupos si se separan las ranas que son venenosas de las que no lo son, etc.

El proceso que se sigue para lograr el objetivo de clasificar a los individuos es el de partir de una matriz de similitudes o disimilitudes de los individuos y, mediante un algoritmo de clasificación, conseguir una clasificación jerárquica. En la práctica, las operaciones de la Taxonomía Numérica siguen la siguiente secuencia:

1. Se seleccionan los individuos y se codifican.
2. Se calculan las semejanzas entre dichos individuos.
3. Se construyen los grupos (taxas) en función de dichas semejanzas.
4. Se hacen generalizaciones acerca de los grupos obtenidos.

2.3. Desarrollo de los métodos numéricos en Taxonomía

Los primeros intentos para aplicar métodos numéricos a la Taxonomía proceden del nacimiento de la Biometría, a finales del siglo XIX. Uno de los primeros trabajos en este sentido se debe a Heincke (1898), quien utilizó una medida de distancia fenotípica (que hace referencia al aspecto externo de un individuo) para distinguir entre razas de arenques. Más tarde, Czekanowski (1909) empleó un coeficiente de distancia en Antropología Física. Sin embargo, el único desarrollo importante fue el de las funciones discriminantes, debido a Fisher, en 1936, que tiene aplicaciones muy importantes, pero sólo en determinados campos de la Taxonomía (ver, por ejemplo, Martínez Arias, 1999, §3.4).

Uno de los primeros estadísticos más interesantes en estos pasos iniciales para lograr una sistematización fue el *coeficiente de semejanza racial* (Coefficient of Racial Likeness o CRL), debido a Pearson (1926). Este coeficiente de similitud taxonómica fue posteriormente desarrollado por Mahalanobis (ver Rao, 1948) en la forma de *distancia generalizada.*

Estos investigadores no obtuvieron avances notables en el campo de la Taxonomía Numérica debido a que desarrollaron, principalmente, las funciones discriminantes con el objetivo de ayudar a la localización de individuos en grupos ya existentes, y no desarrollaron métodos para crear estos grupos. Como consecuencia de ello, en esta época se seleccionaron y estudiaron las características de los individuos que proporcionaban las mejores discriminaciones entre los grupos ya existentes, y por ello, sus investigaciones sólo se basaban en unas pocas características. Sin embargo, este enfoque cambió en la segunda mitad del siglo XX, gracias, sobre todo, a las facilidades de cálculo proporcionadas por los ordenadores.

Los trabajos que se pueden considerar modernos, sobre Taxonomía Numérica, fueron iniciados por la publicación simultánea de los trabajos de Sneath (1957a, 1957b) sobre bacterias, de Michener y Sokal (1957) y Sokal y Michener (1958) sobre abejas. Estos autores desarrollaron sus ideas de forma independiente, aunque su trabajo posterior en común les llevó a la publicación, en primer lugar, de la teoría y métodos de Taxonomía Numérica (Sneath y Sokal, 1962), y después, y fundamentalmente, de sus «Principles of Numerical Taxonomy» (Sokal y Sneath, 1963). A partir de la publicación de este trabajo, el desarrollo de la Taxonomía Numérica ha sido espectacular en todos los campos de la investigación sobre la clasificación de individuos. Así, Lance y Williams (1966) publican la primera generalización de métodos de conglomerados jerárquicos (o cluster), y en 1970, tanto Mountford como Switzer intentan una validación estadística de los procedimientos de conglomerados.

2.4. Aplicaciones de la Taxonomía Numérica a diferentes ramas científicas

Ya hemos comentado que los primeros trabajos relacionados con el desarrollo de la Taxonomía Numérica tuvieron una íntima relación con la Biometría y con ciencias como la Biología y Antropología. Sin embargo, las aplicaciones de la Taxonomía Numérica en otras ramas del saber es muy amplia. Con el fin de dar a conocer de forma somera su versatilidad, comentaremos algunas de las aplicaciones más relevantes (para un análisis más detallado puede consultarse Sneath y Sokal, 1973, §11 y las referencias allí incluidas).

2.4.1. *Ecología*

La Taxonomía Numérica se ha utilizado ampliamente en *Ecología* en estudios de vegetación, en los que los bosques, pampas, páramos, etc. se consideran y analizan como grupos. También se estudian determinadas parcelas de vegetación en las que se tiene en cuenta si determinadas especies están presentes o ausentes, o se considera la cantidad de las mismas que aparecen en determinadas parcelas. Otras investigaciones analizan sobre si ciertas clases de plantas reflejan la composición floral total de una zona; las relaciones entre la composición de la flora y el microclima; las asociaciones de plancton y sus relación con la profundidad del agua; el análisis de grupos de plantas y su interacción con condiciones ambientales de salinidad y composición iónica, etc.

2.4.2. *Medicina y Psiquiatría*

También en *Medicina* se utiliza la Taxonomía Numérica. A modo de ejemplo, podemos citar trabajos en los que el principal objetivo es el de identificar y diagnosticar enfermedades. Las enfermedades, como entidades, es decir, los grupos de casos individuales similares de enfermedad pueden ser estudiados con la técnica *Q* (análisis de la asociación de pares de individuos sobre todas las variables); mientras que los síndromes de las enfermedades, es decir, los grupos de síntomas pueden ser analizados con la técnica *R* (estudio de la asociación entre pares de variables sobre todos los individuos). Tradicionalmente, una enfermedad se ha definido por su causa o etiología. Sin embargo, y a pesar de la gran influencia de la etiología sobre el tratamiento, no siempre este análisis es conveniente para una clasificación. Por ejemplo, baste recordar que la meningitis causada por bacterias muy diferentes, puede ser clínicamente indistinguible; y recíprocamente, una misma etiología puede producir diferentes síntomas y patología, por ejemplo la sífilis. Por otra parte, debe tenerse en cuenta que existe un criterio externo contra el cual se pueden probar todas las clasificaciones de las enfermedades. Este criterio es que todos los casos pertenecientes a la misma enfermedad deberían responder al mismo tratamiento. Además de las características ya señaladas, se pueden citar, a modo de ejemplo sobre algunas clasificaciones, los estudios llevados a cabo sobre la higiene de los alimentos para delimitar la flora bacteriana asociada al buen y mal cuidado de las cualidades de la leche; o las relaciones entre la estructura química y actividad biológica en algunos péptidos de interés farmacológico. Después de lo comentado, podemos afirmar que las enfermedades se pueden agrupar por diferentes criterios, es decir, se pueden llevar a cabo agrupaciones politéticas, según que se consideren definidas por su etiología, sus bases anatómicas o clínicas.

Algo parecido a lo señalado en el párrafo anterior sobre la Medicina puede decirse acerca de la *Psiquiatría.* Aunque algunos de los datos empleados en la clasificación psiquiátrica son similares a los de la Psicología, su fin, como en Medicina, es la etiología, la terapia y el pronóstico. Sin embargo y por su relación con ambas ciencias, las clasificaciones en Psiquiatría presentan los mismos problemas que en Medicina y Psicología: validación y fiabilidad de los datos y selección de las variables. Como estudios significativos pueden citarse los que han llevado a la clasificación de los seis principales grupos de desorden mental (entre los que se encuentran la esquizofrenia o la depresión), la evaluación de los síndromes de depresión, de la psicosis, de los estados psicóticos frontera (borderline), y los desórdenes psiquiátricos severos de carácter general.

2.4.3. *Ciencias Sociales*

Como ya hemos comentado, el análisis de factores y el de conglomerados o clusters fueron pioneros en *Psicometría* y en *Antropología Social.* Sin embargo, hay otras ciencias sociales que también han sido objeto de la Taxonomía Numérica. En *Psicología* ha dominado tradicionalmente el estudio de factores más que el de conglomerados. El mayor énfasis en los procedimientos de ordenación que en los de clasificación tiene la justificación empírica de que los rasgos psicológicos muestran distribuciones continuas más que discretas. Sin embargo, el análisis de conglomerados ha demostrado su interés en el estudio de emociones y conceptos verbales. Desde los primeros intentos de medir la inteligencia, ha aparecido un serio problema en este campo, y es el de la validez del conjunto de caracteres a analizar sobre los que basar las semejanzas. Por ejemplo, los tests que discriminan entre los sexos se excluyen de los tests de inteligencia; dado que se pretende que la inteligencia no esté correlacionada con el sexo. Sin embargo, los tests que discriminan entre las razas pueden no ser excluidos. Además, los tests llevados a cabo sobre los mismos individuos en ocasiones sucesivas pueden no proporcionar al investigador las mismas respuestas, de modo que estos investigadores tienen que analizar con gran detalle la fiabilidad de las variables que utilizan en sus trabajos.

En *Antropología* tiene especial interés el estudio de la evolución. Así son importantes los trabajos que analizan la relación numérica entre el incremento de la distancia geográfica y una mayor diferencia cultural, o los intentos por medir el parecido entre diferentes poblaciones humanas. En *Arqueología* también se han llevado a cabo numerosos estudios. Uno de los problemas de este campo es la escasez de material de trabajo y el insuficiente número de variables significativas, que suelen limitarse a diferentes tipos de objetos como puntas flechas de pedernal, etc. También son importantes los esfuerzos por determinar tendencias temporales en las modas, y su paralelismo con la evolución biológica.

En *Política* se ha estudiado el comportamiento de los legisladores ante una votación, etc. Son de destacar, también, los trabajos sobre *Lingüística,* en los que se trata de llevar a cabo clasificaciones de lenguajes e idiomas. Por ejemplo, cuando el vocabulario se utiliza como el conjunto de caracteres de un idioma, es usual medir el parecido como la proporción de «afines plausibles» en una lista de palabras. Así, «decem» del latín es parecido (afín) a «deka» del griego y a nuestro «diez» del castellano, pero es muy diferente del «ten» inglés. También se han llevado a cabo estudios sobre la *Gramática* de diferentes idiomas y dialectos.

2.4.4. *Ciencias de la Tierra*

Tanto el Análisis de Componentes Principales como el Análisis de Conglomerados y el Análisis Discriminante han sido ampliamente utilizados en *Geología* y *Petrología*. El primero de ellos para interpretar la estructura subyacente a una colección de rocas, por ejemplo; el segundo para intentar clasificarlas, y en tercero para determinar la eficiencia con que tales grupos se han elaborado. En general, los petrólogos clasifican sus muestras en base a relaciones de campo, petrográficas y datos analíticos. Posteriormente analizan dichas agrupaciones con relación a modelos petrogenéticos relevantes y por último, clasifican los grupos en clases genéticas, series, etc. Así, se han llevado a cabo numerosos trabajos en los que se han clasificado desde arcillas a rocas silíceas o ígneas. También es importante determinar las diferentes clases de determinados tipos de roca con las características geológicas de los lugares en que se localizan. Uno de los principales problemas que aparece en el estudio de la clasificación de rocas cuando éste se basa en los compuestos químicos que forman parte de las mismas, es el que los datos que caracterizan a cada uno de los individuos son de suma constante. Es decir, como los datos que definen a cada uno de los individuos se determinan mediante análisis químicos y los resultados de dichos análisis se expresan mediante el porcentaje con que cada compuesto forma parte de dicho individuo, resulta que la suma de los datos de cada uno de los individuos es constante y de suma 100. Ello hace más complejo este análisis de clasificación, puesto que un aumento en uno de los compuestos lleva aparejado la disminución de algunos otros, lo que supone una alta correlación entre las variables utilizadas.

Otro problema geológico es la medición del parecido entre diferentes superficies o zonas geológicas o geográficas. También se utiliza la comparación de mapas en *Geografía*. En *Meteorología* se han utilizado variables meteorológicas para analizar y demostrar la existencia de diferentes clases de tornados en diferentes regiones, lo que ha permitido llevar a cabo una clasificación de los mismos.

2.4.5. *Otras ciencias y Tecnología*

Un problema interesante en *Biblioteconomía y Documentación* es el relativo a la clasificación del conocimiento y de documentos.

Temas tan generales como Química o Biología no son muy adecuados si no llevan más restricciones, puesto que en este caso, por ejemplo, tienen muchos aspectos que se solapan, y además, cambian con el paso del tiempo y aparecen nuevos campos de estudio. Un trabajo interesante con los métodos de Análisis de Conglomerados consiste en agrupar las palabras que aparecen en los diferentes tipos de documentos. El objetivo es el de encontrar las mejores palabras clave que permitan indexar tales documentos. Las palabras que aparecen constantemente juntas en documentos son buenas candidatas porque señalan grupos de conceptos relacionados. Por ejemplo, palabras como «memoria», «microprocesador», «programa», etc., señalarían hacia los ordenadores como objeto del documento.

Otro objeto de estudio en *Traducción* es la investigación acerca de la realización de una clasificación como forma de establecer códigos de comunicación. Con relación a otras ciencias, se pueden señalar investigaciones en el campo naval, estudios de mercado, mutaciones genéticas, etc.

2.4.6. *Artes y Humanidades*

La mayor parte de las investigaciones de la Taxonomía Numérica en los campos de las *Artes* y las *Humanidades* están dirigidas hacia cuestiones relacionadas con la autoría de las obras de arte o de textos literarios. Estos problemas están más dirigidos hacia cuestiones de identificación que de clasificación. Así por ejemplo, a partir de determinadas palabras conocidas de determinados autores, se puede determinar qué rasgos son fácilmente imitables, o cuáles varían en diferentes periodos de los autores, o al abordar éstos diferentes temas. No obstante, también se pueden señalar algunos estudios acerca de determinadas clasificaciones; como por ejemplo, los estudios sobre los manuscritos medievales de Juvenal, o sobre manuscritos del Nuevo Testamento en los que se determinaron que sus fechas estaban claramente reflejadas en una seriación. O sobre las obras de Platón para intentar determinar su cronología más probable. También existen aplicaciones al campo de la *Música* con el objeto de cuantificar las propiedades de diferentes estilos musicales.

3
PLANTEAMIENTO MATEMÁTICO

Dado que la Taxonomía Numérica parte de una serie de datos cuantitativos, es decir, numéricos, conviene que fijemos la notación que emplearemos, de modo que no haya lugar a errores. Por tanto, en las líneas que siguen presentaremos la notación habitual que se emplea para resumir de forma ordenada los datos que forman parte del estudio que se desee llevar a cabo y que se intentarán clasificar. Esta notación puede considerarse estándar y no presentará problemas a quienes estén habituados a manejar colecciones de datos estadísticos.

3.1. Matriz de datos

Los individuos que forman parte de un determinado estudio, y que se intentan clasificar, vendrán caracterizados o definidos por diferentes valores; es decir, cada individuo poseerá un determinado valor para cada una de la variables que se traten en el estudio. De esta manera, si se consideran n individuos y se denotan por $P_1, ..., P_n$, y si se consideran m variables, llamadas $x_1, ..., x_m$, los datos que definen a toda la muestra se pueden representar en una matriz de datos, $A = (a_{ij})$, de modo que cada individuo aparece en cada una de las filas, y los valores que cada variable toma para individuo aparece en cada una de las columnas. Es decir, las puntuaciones que definen al individuo P_i serán los valores $a_{i1}, a_{i2}, ..., a_{im}$. De forma más general, podemos representar la matriz de datos como sigue:

$$A = (a_{ij}) = \begin{pmatrix} a_{11} & a_{12} & a_{13} & \cdots & a_{1m} \\ a_{21} & a_{22} & a_{23} & \cdots & a_{2m} \\ a_{31} & a_{32} & a_{33} & \cdots & a_{3m} \\ \cdots & \cdots & \cdots & \cdots & \cdots \\ a_{n1} & a_{n2} & a_{n3} & \cdots & a_{nm} \end{pmatrix}$$

Por otra parte, recordemos que un espacio métrico es un espacio en el que se ha definido una métrica, esto es, una forma de medir o distancia. En este tipo de espacios se puede considerar como sistema de ejes de coordenadas, al sistema definido por las variables objeto del estudio. Si se hace así, se está en un espacio de tantas dimensiones como número de variables se considera, es decir, m dimensiones. Entonces, cada uno de los individuos puede ser tomado como un punto en dicho espacio métrico. De este modo, cada uno de los valores a_{ij} (que representa la proporción de la variable x_j que entra a formar parte del individuo P_i), que definen a cada uno de los individuos se considerarán como las coordenadas del mismo.

A modo de ejemplo, si se consideraran sólo dos variables, x_1 y x_2, y un punto, P, tuviera como coordenadas (3, 2), su representación en este espacio de dos dimensiones sería la que se muestra en la figura 1:

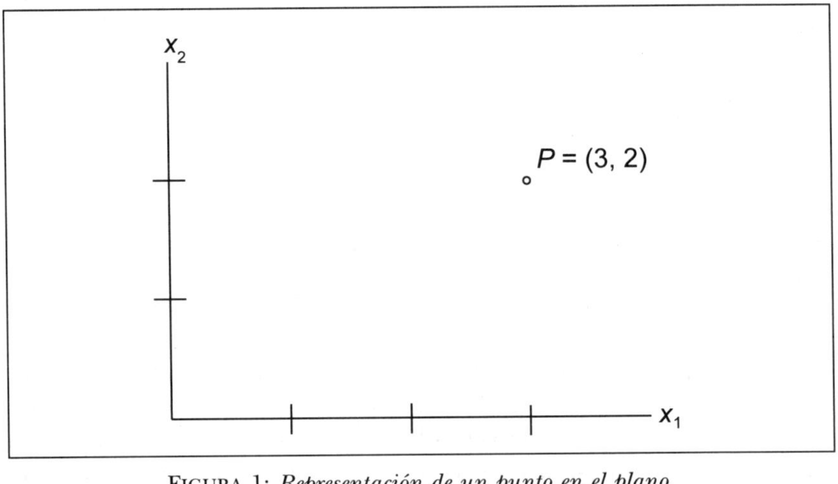

FIGURA 1: *Representación de un punto en el plano.*

Volviendo al caso general, si representamos los n puntos (individuos) de la matriz de datos en este espacio, tendremos una nube de n puntos. El objetivo, entonces, consiste en «separar» de alguna forma los puntos de esta nube, de modo que dicha separación proporcione grupos de individuos relativamente parecidos. Debido a este objetivo de «separar» los puntos es por lo que se recurre a un espacio métrico, es decir, se trata de trabajar en un entorno (espacio) donde se tenga definida una forma de medir (métrica) para comprender qué significa estar separados. La forma de poseer una forma de medir es la de considerar una distancia.

En el caso particular que los datos fueran de suma constante, como ya hemos comentado que sucede en algunas ciencias cuando los datos vienen expresados en porcentajes, la nube de puntos estaría recogida en una parte del espacio que distaría menos de 100 del origen de coordenadas. Además, las variables estarían muy correladas, puesto que, por la propia elaboración de los datos, el valor que tome cualquiera de las variables sobre un individuo determinado condiciona fuertemente el valor de las restantes variables sobre el mismo individuo.

Por otra parte, hay que tener en cuenta que cuando las variables que se consideran en el estudio son muchas, la dimensión del espacio métrico sobre el que se trabaja es muy grande, y entonces se suele recurrir a diferentes técnicas de estadística multivariante para reducir la dimensionalidad del problema que se está abordando, como el Análisis de Factores o el Análisis en Componentes Principales (ver, por ejemplo, Cuadras Avellana, 1981).

3.2. Distancias

En Matemáticas existen muchas formas de considerar la distancia que separa a dos objetos y no sólo la distancia que usamos habitualmente (la distancia más corta entre dos puntos es la línea recta). Para aclarar este paso, que es de vital importancia en el Análisis de Conglomerados, veamos dos ejemplos.

Consideremos en primer lugar una habitación en la que no haya muebles que nos impidan caminar a lo largo y ancho de la misma. Si colocamos dos objetos en el suelo, por ejemplo una canica y un botón, y nos preguntan por la distancia que los separa, responderíamos que es lo que mide el segmento de línea recta que hay entre una y otro (ver figura 2). Si fuera necesario recurriríamos a una regla para «medir», en centímetros, dicha distancia. Esta noción de distancia que utilizamos es la habitual y que resumimos diciendo que es la línea recta. Su nombre es *distancia euclídea.*

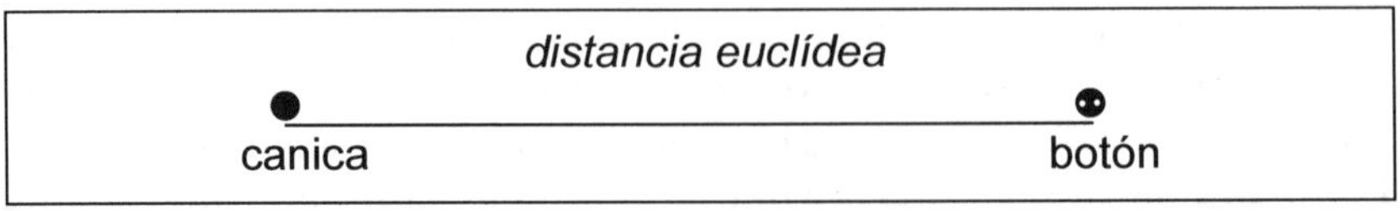

FIGURA 2: *Ejemplo de distancia euclídea.*

Supongamos ahora que salimos de la habitación y nos encontramos en Manhattan, donde las calles son todas paralelas y perpendiculares unas a otras (ver figura 3). Si en esta ocasión nos preguntan por la distancia que tenemos que recorrer para ir de la casa en la que estamos a otra casa que no esté en la misma calle, inmediatamente aplicamos otra forma de medir, porque para ir de un lugar a otro tenemos que ir por la acera y doblar esquinas (que forman ángulos rectos), de modo que no podemos ir por la línea recta que separa ambas casas. En este caso estamos aplicando una noción de distancia diferente a la anterior (e igualmente intuitiva), porque la distancia que recorremos será la más corta que podamos recorrer, pero no será una línea recta. Esta distancia también es una forma de medir (de hecho la que utilizamos más comúnmente cuando nos desplazamos), pero que no es la misma que la utilizada en el caso anterior. A esta distancia se la conoce como *distancia Manhattan* o *distancia del taxista* (por razones evidentes).

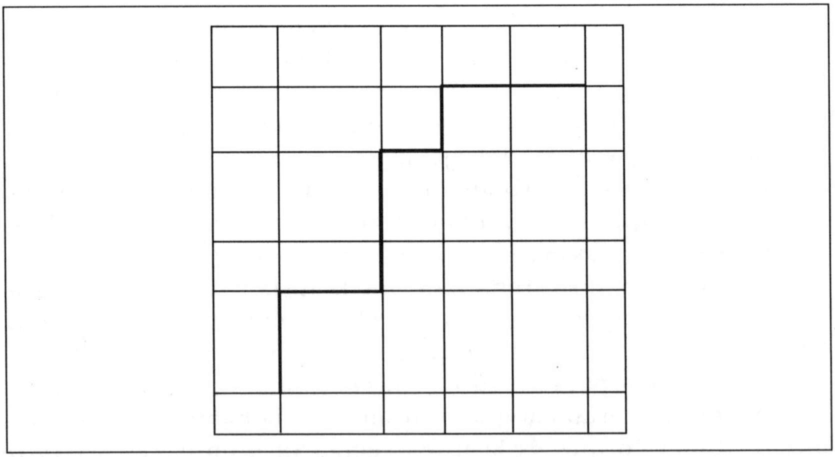

FIGURA 3: *Ejemplo de distancia Manhattan.*

Todas las distancias en Matemáticas se caracterizan por cumplir las siguientes propiedades (y sólo se consideran como tales a quienes las verifican).

Una *distancia*, d, es una aplicación entre el producto cartesiano, $E \times E$, de un conjunto (es decir, el conjunto formado por parejas de elementos de ese conjunto), y los números reales no negativos, $\mathbf{R}^+ \cup \{0\} = [0, \infty)$, de modo que a cada par de elementos del conjunto E, (a, b), se le asigna un número real no negativo, r:

$$d : E \times E \rightarrow \mathbf{R}^+ \cup \{0\} = [0, \infty), \quad d\,(a, b) = r$$

y verifica las siguientes condiciones:

1. Es *definida positiva*, es decir, la distancia entre dos elementos cualesquiera es mayor o igual que cero:

$$d\,(a, b) \geq 0,$$

y sólo es cero si $b = a$, esto es,

$$d\,(a, a) = 0.$$

2. Es *simétrica*, lo que equivale a decir que la distancia de a a b es la misma que la de b a a:

$$d\,(a, b) = d\,(b, a).$$

3. Cumple la *desigualdad triangular*, es decir, la distancia entre dos puntos cualesquiera, a y b, es menor o igual que la suma de la distancia de a a un tercer punto c, más la distancia de c a b:

$$d\,(a, b) \leq d\,(a, c) + d\,(c, b).$$

4. Si $i \neq j$, entonces

$$d(i, j) > 0.$$

Los dos ejemplos presentados anteriormente, la distancia euclídea y la distancia Manhattan, verifican de forma clara las cuatro condiciones anteriores.

4
CLASIFICACIONES JERÁRQUICAS

Después de lo dicho hasta ahora, es claro que uno de los fines básicos de la Taxonomía Numérica consiste en elaborar clasificaciones de los individuos objeto del estudio, de modo que tales clasificaciones tengan una estructura jerarquizada. Conseguido este fin, podremos decidir cuál de los diferentes niveles de la jerarquía es el más apropiado para establecer la clasificación.

El planteamiento matemático dado a la Taxonomía Numérica parte de dos conceptos fundamentales: el de *Jerarquía indexada* y el de *Distancia ultramétrica.* El primero de ellos es el que nos conduce al establecimiento de una jerarquía en la clasificación, estructurada en niveles; mientras que el segundo es el que nos señala cómo determinar una distancia entre los individuos.

4.1. Jerarquía indexada

En esta sección vamos a considerar un conjunto finito de elementos y vamos a definir una jerarquía asociada a dicho conjunto. Luego vamos a asignar un índice a tal jerarquía, de modo que podamos cuantificar, de alguna manera, cuál es la diferencia entre los diferentes grupos o individuos en un determinado nivel de esa jerarquía.

Consideremos un conjunto con un número finito de elementos: $F = \{1, 2, ..., n\}$, y el conjunto de las partes de dicho conjunto, $P(F)$, es decir, el conjunto que tiene como elementos a todos los posibles subconjuntos de F:

$$P(F) = \{\varnothing, \{1\}, \{2\}, ..., \{n\}, \{1, 2\}, ..., \{1, n\}, \{2, 3\}, ..., \{n-1, n\}, \{1, 2, 3\}, ..., F\}.$$

Diremos que un subconjunto, H, del conjunto de la partes de F, $H \subset P(F)$, es una *jerarquía de* F, o una jerarquía del conjunto de las partes de F si verifica los siguientes axiomas:

1. *Axioma de la intersección*: Dados dos elementos, h y h', de H, o son disjuntos (esto es, no tienen elementos comunes) o uno de ellos está contenido en el otro, es decir,

$$\forall h,\ h' \in H, \quad h \cap h' \in \{h,\ h',\ \varnothing\}.$$

2. *Axioma de la reunión*: Todo elemento de H es el resultado de la unión de los elementos de H que contiene, o bien no contiene ningún elemento de H, es decir,

$$\forall h \in H, \quad \cup\{h' : h' \in H,\ h' \subset h\} \in \{h,\ \varnothing\}.$$

Si además de verificar las dos condiciones anteriores, H contiene al conjunto F completo y a todas las partes formadas por un sólo elemento, es decir, si

$$F \in H, \quad \{i\} \in H,\ \forall i \in F,$$

se dice entonces que H es una *jerarquía total.*

Los elementos de H (que no olvidemos son subconjuntos de F, por ser H un elemento del conjunto de las partes de F) se llaman *conglomerados, clusters* o *clases.*

Si $h_1, \ldots, h_p$ son elementos de la jerarquía H y verifican que F es la unión de todos ellos, es decir, si $F = h_1 \cup \ldots \cup h_p$, se dice que el conjunto formado por dichos elementos de H, $\{h_1, \ldots, h_p\}$ es una *partición* de F. De la definición anterior de conglomerado, cluster, clase o partición, como elemento de una jerarquía, se deduce que dos clases de un mismo nivel (es decir, dos clases o dos elementos de H de modo que una no está incluida en la otra) son disjuntas (axioma de la intersección) y que una clase es la reunión de las clases comparables de nivel inferior (axioma de la reunión).

Por ejemplo, si el conjunto finito estuviera formado por los cinco elementos siguientes, $F = \{1, 2, 3, 4, 5\}$, una jerarquía de F podría ser el conjunto siguiente:

$$H = \{\{1\}, \{2\}, \{3\}, \{4\}, \{5\}, \{2, 3\}, \{4, 5\}, \{1, 2, 3\}, F\}.$$

Una jerarquía diferente a la anterior, pero también una jerarquía del mismo conjunto podría ser la definida por este otro conjunto:

$$H' = \{\{1\}, \{2\}, \{3\}, \{4\}, \{5\}, \{1, 4\}, \{2, 3\}, \{1, 3, 4\}, F\}.$$

Definida ya una jerarquía de un conjunto finito, definamos ahora una jerarquía indexada.

Se considera en primer lugar un número real no negativo, llamado *índice de jerarquía*, que permite cuantificar las diferencias entre las clases o grupos de una jerarquía que se consideren de un mismo nivel. Así, se llama índice de la jerarquía H a una función, D, que hace corresponder a cada clase h de la jerarquía un número real no negativo, $D(h)$, del siguiente modo:

$$D: H \rightarrow \mathbf{R}^+ \cup \{0\} = [0, \infty), \quad h \rightarrow D(h),$$

de modo que se verifique:

1. El índice de jerarquía de las clases formadas por un único individuo es cero, es decir,

$$D(\{i\}) = 0, \quad \forall i \in F.$$

2. Si una clase contiene a otra, el índice de jerarquía de la menor es más pequeño que el de la mayor, esto es,

$$h \subset h' \Rightarrow D(h) < D(h').$$

Si una jerarquía está dotada de un índice de jerarquía se dice que es una *jerarquía indexada.*

En el ejemplo anterior en el que considerábamos la jerarquía

$$H = \{\{1\}, \{2\}, \{3\}, \{4\}, \{5\}, \{2, 3\}, \{4, 5\}, \{1, 2, 3\}, F\},$$

un posible índice asociado a esta jerarquía podría ser el siguiente:

$$D(\{1\}) = D(\{2\}) = D(\{3\}) = D(\{4\}) = D(\{5\}) = 0;$$
$$D(\{2, 3\}) = 0{,}3; D(\{4, 5\}) = 0{,}5; D(\{1, 2, 3\}) = 0{,}8; D(F) = 1.$$

De las expresiones anteriores, podemos afirmar que los individuos 2 y 3 son más similares que 4 y 5, puesto que su índice de jerarquía es más pequeño ($D(\{2, 3\}) = 0{,}3 < D(\{4, 5\}) = 0{,}5$). Además, al aumentar el nivel de una clase, aumenta el índice de jerarquía, es decir, disminuye la similitud entre los individuos de su clase ($D(\{2, 3\}) = 0,3 < D(\{1, 2, 3\}) = 0,8$).

4.2. Similitudes y Disimilitudes

Como ya hemos mencionado, la Taxonomía Numérica construye clasificaciones jerárquicas, en general, a partir de las similitudes determinadas entre los individuos. Sin embargo, las descripciones teóricas de los algoritmos que permiten reagrupar a los individuos y a los grupos, ya formados o por formar, se basan en el concepto de disimilitud (contrario al de similitud). Definamos, entonces, el concepto de disimilitud y a partir de él su relación con el de similitud.

Es claro que a medida que aumenta el nivel de una clase, aumenta el índice de jerarquía y, por tanto, disminuye la similitud entre los elementos de la clase.

La noción de índice de jerarquía, D, que acabamos de definir se utiliza para cuantificar las diferencias entre las clases de un mismo nivel. Este índice no es exactamente una disimilitud, pero a partir de él, podemos definir una *disimilitud entre individuos* u objetos, d, en el conjunto finito F sin más que considerar que la disimilitud entre dos individuos i y j es el índice de jerarquía asociado a la menor de las clases que los contiene, es decir,

$$d(i, j) = D(h),$$

siendo h la menor clase que contiene a los individuos i y j. De este modo, la disimilitud de dos elementos de una misma clase es el índice de jerarquía de la menor clase a la que pertenecen.

En el mismo ejemplo anterior, en el que considerábamos

$$H = \{\{1\}, \{2\}, \{3\}, \{4\}, \{5\}, \{2, 3\}, \{4, 5\}, \{1, 2, 3\}, F\},$$

resulta que la disimilitud entre los individuos 2 y 3 es 0,3 puesto que $d(2, 3) = D(\{2, 3\}) = 0,3$; dado que la menor clase a la que pertenecen los individuos 2 y 3 es $\{2, 3\}$. Mientras que se tiene que la disimilitud entre los individuos 1 y 5 es 1, debido a que la menor clase que contiene al 1 y al 5 es el conjunto total F y se verifica, por tanto, que $d(1, 5) = D(F) = 1$.

Por otra parte, la *similitud, s, entre dos individuos, i* y *j*, se puede definir a partir de una disimilitud, *d*, como el complemento al valor máximo de dicha disimilitud, es decir:

$$s(i, j) = Max_d - d(i, j),$$

siendo Max_d el mayor valor de *d* sobre cualquier par de individuos.

En el ejemplo que estamos tratando, se tiene que para cualesquiera dos individuos *i* y *j*, es $Max_d = 1$, por lo que la similitud entre *i* y *j* se define como

$$s(i, j) = 1 - d(i, j),$$

de donde se tiene que la similitud entre los individuos 2 y 3 es $s(2, 3) = 1 - d(2, 3) = 1 - 0{,}3 = 0{,}7$; y entre 1 y 5 es $s(1, 5) = 1 - d(1, 5) = 1 - 1 = 0$.

A partir de la definición de *s* se puede definir un *índice de similitud* sobre una jerarquía *H*, como una aplicación:

$$S: H \to [0, Max_d], \quad h \to S(h),$$

que hace corresponder a cada clase *h* un número real comprendido entre 0 y Max_d, $S(h)$, de modo que se verifique:

1. El índice de similitud de las clases formadas por un único individuo es máxima, es decir,

$$S(\{i\}) = Max_d, \forall i \in F,$$

2. Si una clase contiene a otra, el índice de similitud de la menor es más grande que el de la mayor, esto es,

$$h \subset h' \Rightarrow S(h) > S(h').$$

De forma análoga a como se indicó con la disimilitud, *d*, la similitud, *s*, permite cuantificar las similitudes o parecidos entre dos individuos u objetos, sin más que considerar que la similitud entre dos individuos es el índice de similitud de la menor clase que los contiene:

$$s(i, j) = S(h),$$

siendo *h* la menor clase que contiene a los individuos *i* y *j*.

Por otra parte, una disimilitud permite definir una relación sobre el conjunto F de la siguiente forma: dado un número real $x \geq 0$, se define la relación binaria R_x de modo que dos individuos, i y j, están relacionados por la relación R_x si y sólo si su disimilitud es menor o igual que x, es decir,

$$i \, R_x \, j \Leftrightarrow d(i, j) \leq x.$$

Esta relación es de equivalencia, esto es, es reflexiva, simétrica y transitiva. En efecto, es reflexiva, es decir, $i \, R_x \, i$, porque $d(i, i) = D(\{i\}) = 0 \leq x$, cualquiera que sea $x \geq 0$ (primera condición de la definición de índice de disimilitud). Es simétrica porque si i está relacionado con j, $i \, R_x \, j$, se verifica que $d(i, j) = D(h) \leq x$, siendo h la menor clase que contiene a i y a j. Entonces, como $d(i, j) = D(h) = d(j, i) \leq x$, se tiene que $j \, R_x \, i$. Finalmente, si i está relacionado con j, $i \, R_x \, j$, se tiene que $d(i, j) = D(h) \leq x$, donde h es la menor clase que contiene a i y a j. Por otra parte, si j está relacionada con k, $j \, R_x \, k$, es $d(j, k) = D(h') \leq x$, siendo h' la menor clase que contiene a j y a k. Como se verifica que j pertenece a las dos clases, $j \in h \cap h' \neq \varnothing$, resulta, por el axioma de la intersección, que una de las clases contiene a la otra, es decir, $h \subset h'$ o $h' \subset h$. Si fuera, por ejemplo, $h' \subset h$, tendríamos que $i, j, k \in h$, es decir, $d(i, k) = D(h) \leq x$, por tanto, $i \, R_x \, k$.

A partir de esta relación de equivalencia, se define la *partición* o *cluster de nivel x* como la partición de F definida por la relación R_x. Los elementos de esta partición son las clases, conglomerados o clusters.

En el ejemplo que estamos considerando a lo largo de esta sección, tendríamos las 5 particiones siguientes:

Partición de nivel $x = 0$, C_0: {1}, {2}, {3}, {4}, {5};
Partición de nivel $x = 0{,}3$, C_1: {1}, {2, 3}, {4}, {5};
Partición de nivel $x = 0{,}5$, C_2: {1}, {2, 3}, {4, 5};
Partición de nivel $x = 0{,}8$, C_3: {1, 2, 3}, {4, 5};
Partición de nivel $x = 1$, C_4: F = {1, 2, 3, 4, 5}.

A partir de las particiones anteriores y por analogía con la clasificación del reino animal, por ejemplo, se pueden considerar especies, géneros, familias, etc. La decisión de a partir de qué nivel se habla de una cosa u otra la deberá tomar el investigador o especialista. Así, si se establecieran los géneros a partir del valor

$x = 0{,}3$, se tendría que dos especies i y j pertenecen al mismo género si $d(i, j) \leq 0{,}3$. Por ejemplo, los individuos 2 y 3 del caso particular que estamos analizando pertenecerían al mismo género, mientras que los individuos 1, 4 y 5 definirían cada uno de ellos un género distinto (ver la partición C_1 anterior). Si, por el contrario, se definieran los géneros a partir del valor $x = 0{,}5$, los individuos 2 y 3 pertenecerían al mismo género, lo mismo sucedería con los individuos 4 y 5; mientras que el individuo 1 definiría su propio género (basta con observar la partición C_2 anterior).

La relación de equivalencia que se ha definido anteriormente también podría definirse a partir del concepto de similitud, sin más que considerar como nueva definición de R_x la siguiente:

$$i \, R_x \, j \Leftrightarrow s(i, j) \geq x.$$

4.3. Distancia ultramétrica

Sea $F = \{1, 2, ..., n\}$ como antes un conjunto finito. Una *distancia ultramétrica* sobre F es una función, u, que asigna a cada par de elementos del conjunto F, (i, j), un número real no negativo, r, como sigue

$$u: F \times F \rightarrow \mathbf{R}^+ \cup \{0\} = [0, \infty), \quad u(i, j) = r,$$

verificando las siguientes propiedades:

1. Es *definida positiva*, es decir, la distancia entre dos elementos cualesquiera es mayor o igual que cero:

   $$u\,(i, j) \geq 0$$

   y sólo es cero si $j = i$, esto es,

   $$u\,(i, i) = 0.$$

2. Es *simétrica*, lo que equivale a decir que la distancia de i a j es la misma que la de j a i:

   $$u\,(i, j) = u\,(j, i).$$

3. Cumple el *axioma ultramétrico*, es decir, la distancia entre dos puntos cualesquiera, i y j, es menor o igual que el

supremo de las distancia de i a un tercer punto k, y la distancia de j a k:

$$u(i, j) \leq \sup\{u(i, k), u(j, k)\}.$$

4. Si $i \neq j$, entonces

$$d(i, j) > 0.$$

Como puede verse, la distinción entre una distancia métrica (definida anteriormente en la sección 3.2) y una distancia ultramétrica se establece en el diferente enunciado de la propiedad 3. Para las métricas se debe cumplir la desigualdad triangular, mientras que para las ultramétricas debe cumplirse el axioma ultramétrico.

Por otra parte, la distinción entre distancias y pseudo-distancias que se establece, para el caso de las métricas, si no se verifica la condición 4., puede extenderse al caso de las ultramétricas.

Es obvio que la propiedad ultramétrica es más fuerte que la desigualdad triangular y geométricamente es equivalente a que todos los triángulos definidos por tres puntos, $\{i, j, k\}$, de la geometría ultramétrica definida sobre F sean isósceles, siendo la base el lado de longitud menor. En efecto, si los puntos $\{i, j, k\}$ definen un triángulo cuyo lado menor es, por ejemplo, $\{i, j\}$, entonces, por el axioma ultramétrico, se verifica que:

$$u(i, k) \leq \sup\{u(i, j), u(j, k)\} = u(j, k);$$
$$u(j, k) \leq \sup\{u(i, j), u(i, k)\} = u(i, k);$$

de donde:

$$u(i, k) = u(j, k),$$

es decir, si el lado $\{i, j\}$ es el menor lado del triángulo $\{i, j, k\}$, resulta que los otros dos lados, $\{i, k\}$ y $\{j, k\}$, son iguales (la distancia que separa a i de k es la misma que la que separa a j de k: $u(i, k) = u(j, k)$) y mayores que el menor, lo que define un triángulo isósceles.

Sobre el conjunto finito F de n elementos es posible realizar agrupaciones de modo que se conserve la propiedad ultramétrica. En efecto, si i y j son el par de individuos más próximos, es decir, si $u(i, j) = mínimo$, podemos considerar el conjunto F' de $(n - 1)$ elementos formado por el elemento $\{i, j\}$ y por todos los restantes elementos de F, es decir, $F' = \{1, ..., \{i, j\}, ..., n\}$. Sobre este nuevo conjunto se puede definir otra distancia ultramétrica, u', que extienda la distancia u de F, de la siguiente forma: la nueva distancia sobre dos elementos de F' diferentes de i y de j se define con el mismo valor que tendría si los elementos se consideraran como elementos de F; mientras que la nueva distancia entre el elemento $\{i, j\}$ de F' y otro elemento cualquiera se define como la antigua distancia de i o de j a ese otro elemento. La definición de la nueva distancia en este segundo supuesto es correcta puesto que los elementos $\{i, j, k\}$ de F definen un triángulo isósceles, cuya base es el lado menor definido por $\{i, j\}$, por lo que la distancia de i a k es la misma que la de j a k, es decir, se define la nueva distancia como sigue:

$$u'(k, m) = u(k, m), \quad k, m \neq i, j;$$
$$u'(k, \{i, j\}) = u(k, i) = u(k, j), \quad \forall k \neq i, j.$$

Con esta definición, u' es una ultramétrica, es decir, verifica las cuatro condiciones anteriores. Demostremos en primer lugar que se verifican las condiciones 1., 2. y 4.

1. Es definida positiva puesto que la distancia entre dos elementos cualesquiera es mayor o igual que cero. Si se consideran dos elementos k y m, que no son ni i ni j, $k, m \neq i, j$, se tiene que

$$u'(k, m) = u(k, m) \geq 0.$$

En caso contrario, resulta que

$$u'(k, \{i, j\}) = u(k, i) = u(k, j) \geq 0.$$

Por otra parte, para cualquier elemento k, es

$$u'(k, k) = u(k, k) = 0.$$

2. Es simétrica porque para el caso que $k, m \neq i, j$, se tiene que

$$u'(k, m) = u(k, m) = u(m, k) = u'(m, k).$$

En caso contrario se verifica que

$$u'(k, \{i, j\}) = u(k, i) = u(i, k) = u'(\{i, j\}, k).$$

4. Si $k \neq m$ y ambos son distintos de $\{i, j\}$ entonces

$$u'(k, m) = u(k, m) > 0.$$

Si alguno de ellos fuera igual a $\{i, j\}$, sería

$$u'(k, \{i, j\}) = u(k, i) > 0.$$

Veamos ahora que también se cumple el axioma ultramétrico:

3. Hemos de ver que la distancia entre dos puntos cualesquiera, i y j, es menor o igual que el supremo de la distancia de i a un tercer punto k, y la distancia de j a k:

$$u(i, j) \leq \sup\{u(i, k), u(j, k)\}.$$

En efecto, veamos que así es. Dado que $u(i, j)$ es mínimo y que, por tanto, el triángulo definido por $\{i, j, k\}$ es isósceles, se verifica que:

$$u(k, i) = u(k, j).$$

Si se considera ahora el triángulo $\{a, b, \{i, j\}\}$, se verifica:

$$u(a, b) \leq \sup\{u(a, i), u(b, i)\} = \sup\{u'(a, \{i, j\}), u'(b, \{i, j\})\}$$

lo que implica:

$$u'(a, b) \leq \sup\{u'(a, \{i, j\}), u'(b, \{i, j\})\}.$$

Además:

$$\begin{aligned} u'(a, \{i, j\}) &= u(a, i) \leq \sup\{u(a, b), u(i, b)\} \\ &= \sup\{u'(a, b), u'(\{i, j\}, b)\}. \end{aligned}$$

con lo que se prueba lo que queríamos.

Así pues, hemos visto cómo es posible definir a partir de un conjunto finito, F, y de una distancia ultramétrica, u, definida en él, otra distancia ultramétrica, u', definida en un conjunto que posee un elemento menos, F', y que resulta de considerar todos los elementos individuales del conjunto original, salvo aquellos dos que están más cerca y que se toman como un único elemento.

Si procedemos ahora de forma análoga a como se ha hecho antes, es decir, si agrupamos de nuevo los dos objetos más próximos de F' y definimos una nueva distancia ultramétrica sobre el nuevo conjunto de $(n - 2)$ elementos, F'', tendremos una distancia ultramétrica sobre un conjunto de $(n - 2)$ elementos. Repitiendo este proceso de forma sucesiva, podremos ir agrupando las clases más cercanas hasta definir una jerarquía indexada. También podríamos haber procedido de forma recíproca, es decir, a partir de una jerarquía indexada, D, se podría haber definido una distancia ultramétrica, u, sin más que considerar $u(i, j) = D(h)$, siendo h la menor clase de la jerarquía indexada H que contiene a i y a j.

Esta definición de u verifica, de forma clara, los axiomas de distancia ultramétrica. El que podría presentar alguna dificultad sería el axioma ultramétrico. Veamos que éste también se cumple. En efecto, sea u una distancia ultramétrica y sean h_{ij}, h_{ik} y h_{jk} las menores clases tales que:

$$u(i, j) = D(h_{ij});$$
$$u(i, k) = D(h_{ik});$$
$$u(j, k) = D(h_{jk}).$$

Como, por definición de jerarquía, dos clases o son disjuntas o una está contenida en la otra, resulta que o bien $h_{ik} \subset h_{jk}$, o bien $h_{jk} \subset h_{ik}$. En el primero de los casos; $i, j, k \in h_{jk}$; y entonces $u(i, j) \leq u(j, k)$. En el segundo de los casos; $i, j, k \in h_{ik}$; y entonces $u(i, j) \leq u(i, k)$. En ambas circunstancias se verifica el axioma ultramétrico: $u(i, j) \leq \sup\{u(i, k), u(j, k)\}$.

4.4. Algoritmos de clasificación

Como ya hemos indicado, una jerarquía indexada está formada por una sucesión de particiones (o clusterings) C_0, C_1, ..., de niveles respectivamente mayores. Si sobre un conjunto finito F hay definida una distancia ultramétrica, u, se pueden construir dichas particiones según el llamado *algoritmo fundamental de clasificación*, que consta de los siguientes pasos:

1. La partición inicial está formada por cada uno de los individuos del conjunto $F = \{1, 2, ..., n\}$:

$$C_0: \{1\}, \{2\}, ..., \{n\}.$$

2. El segundo paso consiste en unir los dos individuos más próximos según la ultramétrica u, es decir, si i y j son tales que $u(i, j)$ es mínimo, se considera como segunda partición al conjunto de $(n - 1)$ elementos siguiente:

$$C_1: \{1\}, \{2\}, \ldots, \{i, j\}, \ldots, \{n\}.$$

3. Se considera la partición en el paso r-ésimo, es decir:

$$C_{r-1}: h_1, h_2, \ldots, h_p$$

y sea u una distancia ultramétrica sobre las clases de C_{r-1}. En este paso se agrupan las clases más próximas, es decir, las clases h_i y h_j tales que $u(h_i, h_j) = \textit{mínimo}$.

4. Se forma la partición $(r + 1)$-ésima

$$C_r: h_1, h_2, \ldots, h_i \cup h_j, \ldots, h_p$$

por la unión, en una misma clase, de las dos clases más próximas consideradas en el punto anterior, h_i y h_j. A continuación definimos sobre las clases de C_r una ultramétrica, u', de forma análoga a como se indicó anteriormente, es decir,

$$u'(h_k, h_m) = u(h_k, h_m), \quad h_k, h_m \neq h_i, h_j;$$
$$u'(h_k, h_i \cup h_j) = u(h_i, h_k) = u(h_j, h_k), \quad \forall\ h_k \neq h_i, h_j.$$

5. Se repiten los pasos 3. y 4. las veces precisas hasta llegar a la partición $C_m = F$.

Por construcción, el resultado de este algoritmo es una jerarquía indexada, H, de índice D, definido por la siguiente expresión

$$D(h_i \cup h_j) = u(h_i, h_j),$$

si h_i y h_j son las clases más próximas en la partición C_{r-1}.

Un algoritmo de clasificación, como hemos visto, consiste en transformar la disimilitud inicial para convertirla en una distancia ultramétrica y a continuación construir la jerarquía indexada. El problema es que, en general, la disimilitud no verifica las propiedades de ser una distancia ultramétrica. Así pues, el algoritmo de clasificación, en el caso de que la disimilitud no sea ultramétrica, deberá ser modificado. Los pasos, en este caso, son los siguientes:

1. La partición inicial está formada por cada uno de los individuos del conjunto F:

$$C_0: \{1\}, \{2\}, \ldots, \{n\}.$$

2. Se considera la partición en el paso r (que podría ser la segunda partición, es decir, este caso general incluye el caso en que $r = 2$):

$$C_{r-1}: h_1, h_2, \ldots, h_p$$

y sea d la disimilitud (que no es una distancia ultramétrica) sobre las clases de C_{r-1}. Se agrupan las clases h_i, h_j tales que $d(h_i, h_j) = \textit{mínimo}$.

3. Se forma la partición $(r + 1)$-ésima:

$$C_r: h_1, h_2, \ldots, h_i \cup h_j, \ldots, h_p.$$

Sin embargo, ahora no podemos definir una ultramétrica d' sobre las clases de C_r, tal y como se hizo anteriormente porque, en general, no será cierto que $d(h_j, h_k) = d(h_i, h_k)$, pues h_i, h_j y h_k no formarán un triángulo isósceles, al no ser d ultramétrica.
Definiremos la distancia de $h_i \cup h_j$ a h_k como una función de $d(h_i, h_k)$ y de $d(h_j, h_k)$, de modo que $d'(h_k, h_m)$ no varíe para las restantes clases:

$$d' \ (h_k, h_i \cup h_j) = f\,(d(h_i, h_k), d(h_j, h_k)).$$

El objetivo que se pretende es modificar todo triángulo $\{h_i, h_j, h_k\}$ cuya base sea $\{h_i, h_j\}$ para convertirlo en isósceles. Algunos algoritmos hacen depender d' también de $d(h_i, h_j)$. Si para algún h_k se verificara que $d(h_i, h_k) = d(h_k, h_j)$, es conveniente que la función f verifique:

$$f\,(d(h_i, h_k), d(h_j, h_k)) = d(h_i, h_k) = d(h_k, h_j).$$

4. Se repiten los pasos 2. y 3. las veces precisas hasta llegar a F.

Los algoritmos de clasificación diferirán según sea la definición de d' al pasar de C_{r-1} a C_r. Veremos posteriormente algunos de los más utilizados, que darán lugar a los diferentes métodos de Análisis de Conglomerados. Para algunos de ellos se podrán utilizar diferentes medidas de disimilitud o de similitud entre los individuos.

Demos, pues, un breve repaso a las medidas de similitud, para estudiar, a continuación, los diferentes métodos o técnicas de Análisis de Conglomerados. Recordemos que es equivalente utilizar similitudes que disimilitudes, pues es fácil definir una de ellas si se tiene definida la otra.

4.5. Medidas de similitud

Sneath y Sokal (1973) consideran cuatro grandes tipos de medidas de similitud:

1. *Distancias*: son diferentes medidas entre los puntos del espacio definido por los individuos. En realidad, las distancias son las medidas inversas de las similitudes, es decir, son disimilitudes. La distancia más conocida es la distancia euclídea, aunque existen otras distancias.
2. *Coeficientes de asociación*: se basan en algoritmos en los que se utilizan datos cualitativos. También se pueden aplicar a datos cuantitativos si se está dispuesto a sacrificar alguna información proporcionada por los individuos o las variables. Estas medidas son, básicamente, una forma de medir la concordancia o conformidad entre los estados de dos columnas de datos.
3. *Coeficientes angulares*: miden la proporcionalidad e independencia entre los vectores que definen los individuos. El más conocido es el coeficiente de correlación aplicado a variables continuas.
4. *Coeficientes de similitud probabilística*: incluyen información estadística y miden la homogeneidad del sistema por particiones o subparticiones del conjunto de los individuos. La idea de utilizar estos coeficientes se basa en relacionarlos con diferentes clasificaciones utilizando para ellas criterios de bondad o buenos ajustes estadísticos. Las principales propiedades de estos coeficientes es que son aditivos, se distribuyen como chi cuadrado (χ^2) y son probabilísticos. Esta última propiedad permite, en aquellos casos en que es posible,

establecer una hipótesis nula y contrastarla por los métodos estadísticos tradicionales.

Veamos algunos ejemplos de cada uno de estos tipos de medidas de similitud.

4.5.1. *Distancias*

Las principales distancias empleadas como coeficientes de disimilitud son las siguientes:

a) *Distancia euclídea al cuadrado*: esta distancia se define entre dos individuos como la suma de los cuadrados de las diferencias de todas las coordenadas de los dos puntos, es decir, la distancia entre el *i*-ésimo y el *j*-ésimo individuo es:

$$d(i, j)^2 = \Sigma_k (x_{ik} - x_{jk})^2,$$

donde x_{ik} y x_{jk} son las *k*-ésimas coordenadas del *i*-ésimo y del *j*-ésimo individuo, respectivamente. Debido a que esta distancia aumenta a medida que hay más variables o caracteres, se suele recurrir a calcular la distancia media, es decir, a dividir su valor por el número de variables:

$$d(i, j)^2 / n = (\Sigma_k (x_{ik} - x_{jk})^2) / n.$$

b) *Distancia euclídea*: esta distancia se define como la raíz cuadrada positiva de la distancia anterior, es decir, con la misma notación:

$$d(i, j) = \sqrt{\Sigma_k (x_{ik} - x_{jk})^2} \quad \text{o} \quad d(i, j) = (\Sigma_k (x_{ik} - x_{jk})^2)^{1/2}.$$

Tanto en esta distancia como en la anterior, *d* será cero para una similitud perfecta y será tanto más positiva cuanto más disimilares sean los objetos.

c) *Distancia de Minkowski*: esta distancia genérica, que da lugar a otras distancias en casos particulares, se define como la raíz *q*-ésima de la suma de las potencias *q*-ésimas de las diferencias, en valor absoluto, de las coordenadas de los dos puntos considerados, es decir, su expresión es:

$$d_q(i, j) = (\Sigma_k |x_{ik} - x_{jk}|^q)^{1/q}.$$

d) *Distancia City-Block*: esta distancia, también llamada *Ciudad* o *Manhattan*, es un caso particular de la distancia o medida de Minkowski. En concreto, en este caso se considera $q = 1$. Su definición es que es la suma de las diferencias, en valor absoluto, de todas las coordenadas de los dos individuos cuya distancia se calcula. Su expresión es la siguiente:

$$d_1(i, j) = \Sigma_k |x_{ik} - x_{jk}|.$$

El valor de esta medida es cero para una similitud perfecta y aumenta a medida que los objetos son más disimilares.

e) *Distancia de Chebychev*: esta distancia se define como el caso límite, para q tendiendo a infinito, de la medida de Minkowski, es decir, es el máximo de las diferencias absolutas de los valores de todas las coordenadas. Su expresión es la siguiente:

$$d_\infty(i, j) = Max_k (|x_{ik} - x_{jk}|).$$

f) *Distancia Canberra*: es una modificación de la distancia Manhattan, definida por:

$$d_{\mathrm{CANB}} (i, j) = \Sigma_k (|x_{ik} - x_{jk}| / (x_{ik} + x_{jk})).$$

La ventaja de esta distancia es que es una propiedad que se aplica a valores positivos, que depende únicamente de los individuos o grupos que están siendo comparados y no está afectada por el rango de sus valores. Además es sensible a proporciones y no sólo a valores absolutos.

g) *Coeficiente de similitud racial* (Coefficient of Racial Likeness o *CRL*): mencionamos este coeficiente debido a su importancia histórica pues, como ya hemos comentado, fue uno de los primeros en ser utilizados. En particular, fue usado por Pearson (1926) para medir la semejanza entre muestras de cráneos de varios orígenes. Su definición depende de las medias y varianzas de variables continuas (longitud, razón, etc.), que se calculan para cada muestra. Su expresión es:

$$CRL\ (i, j) = (1 / n)$$
$$(\Sigma_k ((X_{kJ} - X_{kI})^2 / ((s^2_{kJ} / t_J) + (s^2_{kI} / t_I))))^{1/2} - 2 / n.$$

donde X_{kJ} es la media, s^2_{kJ} es varianza de la muestra de la variable k para la muestra J, respectivamente, y t_J es el tamaño de la muestra J.

4.5.2. *Coeficientes de asociación*

Existen en la literatura muchos coeficientes de asociación, tanto de índole biológico, como no biológico. Sin embargo, la mayor parte de ellos sólo han sido utilizados una vez, por lo que no están empíricamente validados. Debido a esta razón, aquí sólo presentaremos algunos de ellos, los más utilizados. De forma general, los coeficientes de asociación se calculan con dos estados, normalmente 0 y 1, que representan la presencia o ausencia de alguna característica o propiedad.

Cuando los estados de las variables se comparan en parejas de columnas en una matriz de datos convencional, la salida se suele resumir en una tabla de frecuencias de tamaño 2 × 2 como la de la tabla 1.

TABLA 1: *Frecuencias de tamaño 2 × 2*

	«1»	**«0»**	
«1»	a	b	$a + b$
«0»	c	d	$c + d$
	$a + c$	$b + d$	$n = a + b + c + d$ $m = a + d$ $u = b + c$

La interpretación de los datos de esta tabla es como sigue: a denota el número de variables codificadas como «1» en los dos individuos, d es la cantidad de variables codificadas en ambos casos como «0», mientras que b y c representan el número de variables con valor «1» y «0» para cada individuo. Se suele denotar con n al número de total de casos, con m al número de coincidencias y con u al número de desacuerdos. En ocasiones se distinguen los emparejamientos positivos (aquellos en los que se tiene el valor «1» para los dos individuos, es decir, a) de los negativos (aquellos en los que se tiene el valor «0» para los dos individuos, esto es, d).

Los principales coeficientes de asociación son los siguientes:

a) *Coeficiente de Jaccard* (Sneath): es uno de los coeficientes más sencillos, que no tiene en cuenta los emparejamientos negativos, y se define como el número de emparejamientos positivos entre la suma de los emparejamientos positivos y los desacuerdos:

$$S_J = a \ / \ (a + u) = a \ / \ (a + b + c).$$

A partir de su expresión, se deduce que S_J tiende a cero cuando a/u tiende a cero, esto es, S_J es cero cuando el número de emparejamientos positivos coincide con el de desacuerdos; y que S_J tiende a uno cuando u tiende a cero, es decir, S_J vale uno cuando no hay desacuerdos.

b) *Coeficiente de emparejamiento simple*: se define como el cociente entre el número de emparejamientos y el número total de casos considerado:

$$S_{SM} = m \ / \ (m + u) = m \ / \ n = (a + d) \ / \ (a + b + c + d).$$

Por su fórmula se observa que $S_{SM} \to 0$ si $m/u \to 0$, y que $S_J \to 1$ si $u/m \to 1$.

c) *Coeficiente de Yule*: se define por:

$$S_Y = (ad - bck) \ / \ (ad + bc)$$

y varía entre +1 y –1.

4.5.3. *Coeficientes de correlación y otros coeficientes angulares*

a) *Coeficiente de correlación de Pearson*: el cálculo de este coeficiente entre los individuos i y j viene dado por la siguiente expresión:

$$r_{ij} = (\Sigma_k \ (x_{ik} - X_i) \ (x_{jk} - X_j)) \ / \ (\Sigma_k \ (x_{ik} - X_i)^2 \ \Sigma_k \ (x_{jk} - X_j)^2)^{1/2},$$

donde X_i y X_j son las medias correspondientes a los individuos i y j, respectivamente. El rango de este coeficiente es de –1 a +1. Los valores cercanos a 0 indican disimilitud entre los individuos.

b) *Distancia del Coseno*: viene definida por el coseno del ángulo subtendido por los individuos i y j con el origen de coordenadas, y se expresa de la siguiente manera:

$$\cos \alpha_{ij} = (\Sigma_k\, x_{ik}\, x_{jk}) \,/\, (\Sigma_k\, (x_{ik})^2\, \Sigma_k\, (x_{jk})^2)^{1/2}.$$

El rango de esta medida está comprendido, claramente, entre −1 y +1. El valor +1 se obtiene para una perfecta similitud si los valores son del mismo signo y −1 si son de signo contrario, mientras que los valores próximos a 0 se obtienen para individuos disimilares.

4.5.4. *Coeficientes de similitud probabilística*

Los coeficientes de similitud probabilística calculan la probabilidad acumulada de que un par de individuos *i* y *j*, sean tan similares, o más, que lo que empíricamente se puede afirmar sobre la base de la distribución observada.

Se define, en primer lugar, la *medida del desorden* para la variable *k* como

$$H(k) = -\, \Sigma_{g=1,\ldots,m(k)}\, p_{kg} \ln p_{kg},$$

siendo $m(k)$ el número de posibles estados diferentes para la variable *k*, y donde p_{kg} es la proporción observada del individuo *t* que muestra el estado *g* para la variable *k*. Por tanto, se tiene que

$$\Sigma_{g=1,\ldots,m(k)}\, p_{kg} = 1.$$

Si las *n* variables no están correladas, se pueden sumar los valores separados de los $H(k)$ para obtener la *información total del grupo*:

$$I = t\, \Sigma_{k=1,\ldots,n}\, H(k).$$

En ocasiones, la frecuencia de los datos se presenta con sólo dos estados (presencia o ausencia de una característica), en estas situaciones, se definen los valores anteriores como sigue:

$$H(k) = -\, (p_k \ln p_k + (1 - p_i) \ln (1 - p_i));$$
$$I = -\, t\, \Sigma_{k=1,\ldots,n}\, (p_k \ln p_k + (1 - p_i) \ln (1 - p_i)).$$

5
ANÁLISIS DE CONGLOMERADOS

El *Análisis de Conglomerados* (AC) o Análisis de Clusters es un conjunto de métodos y técnicas estadísticas que permiten describir y reconocer diferentes agrupaciones que subyacen en un conjunto de datos, es decir, permiten clasificar, o dividir en grupos más o menos homogéneos, un conjunto de individuos que están definidos por diferentes variables (véase Kendall *et al.*, 1966; Sneath y Sokal, 1973; Escudero, 1977; Everitt, 1977; Sánchez García, 1978; Jambu y Lebeaux, 1978 y 1983; Helmuth, 1980, Cuadras Avellana, 1981; Le Maitre, 1982; Davis, 1986).

5.1. Objetivos y procedimientos en el Análisis de Conglomerados

El objetivo principal del Análisis de Conglomerados consiste, por tanto, en conseguir una o más particiones de un conjunto de individuos en base a determinadas características de los mismos. Estas características estarán definidas por las puntuaciones que cada uno de ellos tiene con relación a diferentes variables. Así, se podrá decir que dos individuos son «similares» si pertenecen a la misma clase, grupo, conglomerado o cluster. Si se consigue este objetivo, se tendrá que todos los individuos que están contenidos en el mismo conglomerado se parecerán entre sí, y serán diferentes de los individuos que pertenecen a otro conglomerado. Por tanto, los miembros de un conglomerado gozarán de unas características comunes que los diferencian de los miembros de otros conglomerados. Estas características deberán, por la definición del objetivo a conseguir, ser genéricas, y es claro que difícilmente una única característica podrá definir un conglomerado.

El procedimiento para llevar a cabo un Análisis de Conglomerados sigue unas pautas o fases claramente diferenciadas:

1. *Selección*: esta primera fase consiste en seleccionar a los individuos objeto del estudio, y si es necesario, codificarlos a partir de las variables o caracteres que los definen.
2. *Determinación de la matriz de disimilitudes*: en esta segunda etapa se trata de determinar las distancias, similitudes o disimilitudes de los individuos.
3. *Ejecución del algoritmo*: una vez determinadas las disimilitudes de los individuos, se procede a ejecutar el algoritmo que formará las diferentes agrupaciones o conglomerados de individuos.
4. *Representación gráfica*: determinada ya clasificación, el paso siguiente consiste en obtener una representación gráfica de los conglomerados obtenidos, de modo que se puedan visualizar los resultados alcanzados. Este proceso se lleva a cabo mediante un dendrograma.
5. *Interpretación*: conseguido el propósito de la clasificación, la última fase a llevar a cabo es la interpretación de los resultados obtenidos.

Así pues, una vez que se han seleccionado los individuos y analizada la cuestión relativa a qué se entiende por similitud (o cuándo se pueden considerar dos individuos similares) o disimilitud, la siguiente fase o problema a abordar es el de determinar cuándo dos individuos pueden ser agrupados. Una vez que se tengan agrupados dos individuos, se deberán seguir agrupando conjuntos de individuos ya agrupados y agotar el conjunto de todos los que se estén analizando. De este modo se obtendrá una clasificación total de todos ellos en conglomerados. Obtenida la clasificación se procede a representarla gráficamente y a explicar los resultados.

5.2. Técnicas de Análisis de Conglomerados

Las diferentes formas de llevar a cabo la agrupación de los individuos, es decir, dependiendo del algoritmo que se utilice para llevar a cabo la agrupación de individuos o grupos de individuos, se obtienen diferentes métodos de Análisis de Conglomerados. Éstos algoritmos, y por tanto, los Análisis de Conglomerados, se suelen dividir en diferentes grupos, según el proceso seguido en su ejecución.

a) *Aglomerativos-Divisivos*: un método se dice aglomerativo si considera tantos grupos como individuos y sucesivamente va fusionando los dos grupos más similares, hasta llegar a una clasificación determinada; mientras que un método es divisivo si parte de un sólo grupo formado por todos los individuos, de modo que en cada etapa va separando individuos de los grupos establecidos anteriormente, formándose así nuevos grupos.

b) *Jerárquicos-No jerárquicos*: un método se dice jerárquico si consiste en una secuencia de $g + 1$ clusters: G_0, ..., G_g en la que G_0 es la partición disjunta de todos los individuos y G_g es el conjunto partición. El número de partes de cada una de las particiones disminuye progresivamente, lo que hace que éstas sean cada vez más amplias y menos homogéneas. Por contra, un método se dice no jerárquico cuando se forman grupos homogéneos sin establecer relaciones de orden o jerárquicas entre dichos grupos.

c) *Solapados-Exclusivos*: un método se dice que es solapado si admite que un individuo pueda pertenecer a dos grupos simultáneamente en alguna de las etapas de clasificación; mientras que se dice exclusivo si ningún individuo puede pertenecer simultáneamente a dos grupos en la misma etapa.

d) *Secuenciales-Simultáneos*: la mayoría de los métodos de Análisis de Conglomerados son secuenciales pues a cada grupo se le aplica el mismo algoritmo en forma recursiva; mientras que los métodos simultáneos son aquellos en los que la clasificación se logra por una simple y no reiterada operación sobre los individuos.

e) *Monotéticos-Politéticos*: un método se dice monotético si está basado en una característica única de los objetos a clasificar; mientras que uno politético se basa en varias características de los mismos, sin exigir que todos los objetos las posean, aunque sí las suficientes como para poder justificar la analogía entre los miembros de una misma clase.

El proceso seguido para una clasificación, como, por ejemplo, la del reino animal (clase, orden, familia, tipo, género, especie, ...), sigue un proceso dicotómico sucesivo, es decir, un agrupamiento se forma según que los individuos posean o no determinada propiedad. Cuando se procede de esta manera, se utiliza un único criterio y estamos ante una distribución monotética (Sokal y Sneath, 1963).

f) *Directos-Iterativos*: los métodos directos son aquellos que utilizan algoritmos en los que una vez asignado un individuo a un grupo ya no lo sacan del mismo; mientras que los métodos iterativos corrigen las asignaciones previas, volviendo a comprobar en posteriores iteraciones si la asignación de un individuo a un conglomerado es óptima. Si esta asignación no fuese óptima, llevan a cabo un nuevo reagrupamiento de los individuos.

g) *Ponderados-No ponderados*: los métodos no ponderados son aquellos que establecen el mismo peso a todas las características de los individuos a clasificar; mientras que los ponderados hacen recaer mayor peso en determinadas características.

h) *Adaptativos-No adaptativos*: los métodos no adaptativos son aquellos para los que el algoritmo utilizado se dirige hacia una solución en la que el método de formación de conglomerados es fijo y está predeterminado; mientras que los adaptativos, menos utilizados, son aquellos que, de alguna manera, aprenden durante el proceso de formación de los grupos y modifican el criterio de optimización o la medida de similitud a utilizar.

5.3. Métodos de Análisis de Conglomerados S.A.H.N.

Los métodos de Análisis de Conglomerados más comúnmente utilizados son los simultáneamente secuenciales, aglomerativos, jerárquicos y exclusivos, que reciben el acrónimo, en lengua inglesa, de S.A.H.N. (*Sequential, Agglomerative, Hierarchic* y *Nonoverlaping*). En todos los métodos de tipo S.A.H.N. se siguen dos pasos fundamentales en el proceso de elaboración de los conglomerados. El primero de ellos es que los coeficientes de similitud o disimilitud entre los nuevos conglomerados establecidos y los candidatos potenciales a ser admitidos se recalcula en cada etapa, y el otro es el criterio de admisión de nuevos miembros a un conglomerado ya establecido.

Para aclarar, en la medida de lo posible, cómo actúan algunos de los métodos que presentaremos a continuación, consideraremos un conjunto ficticio de puntos sobre el plano y llevaremos a cabo una clasificación de los mismos. Como en cada caso los métodos serán diferentes, obtendremos diferentes clasificaciones de los mismos individuos originales. Supongamos entonces que tenemos el siguiente conjunto de puntos sobre el plano y que deseamos clasificarlos de alguna manera: $F = \{a, b, c, d, e, f, g, h, i, j, k, l, m, n, o, p\}$ (ver figura 4).

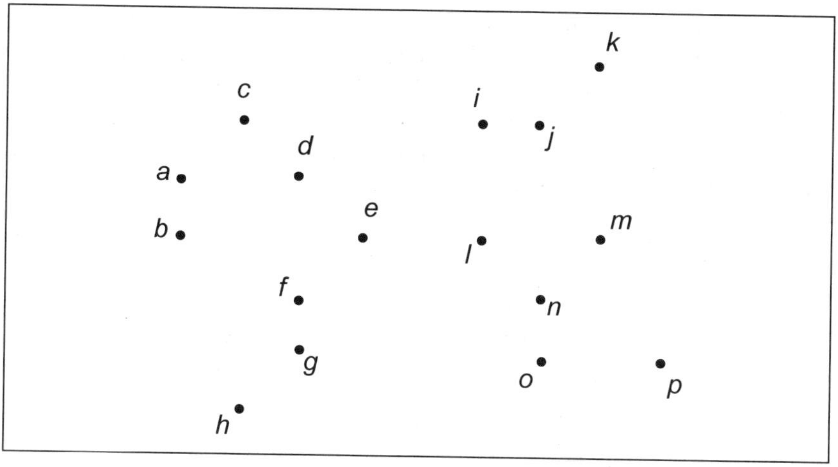

FIGURA 4: *Conjunto de puntos en el plano.*

El problema que se nos puede presentar, según lo que hemos comentado anteriormente, es que necesitamos utilizar una forma de medir la similitud o disimilitud entre los individuos. Ahora bien, para no complicar demasiado este primer ejemplo de clasificación jerárquica, creemos que se puede recurrir al uso de una «distancia visual» en lugar de a una distancia numérica. Queremos decir, que según la distribución de los individuos de la figura 4, es fácil ver qué individuos están más cerca y cuáles están más alejados de uno dado. Así, es fácil ver que los individuos *a* y *b* están a la misma distancia que los individuos *i* y *j*, y que esta distancia es la misma que la que separa a *f* y *g* o a *n* y *o*; y que, además, es la menor distancia entre todos los individuos. De modo que vamos a utilizar esta distancia para llevar a cabo las diferentes clasificaciones.

Ya hemos visto las medidas de similitud o disimilitud más comúnmente utilizadas, veamos ahora los diferentes métodos de Análisis de Conglomerados que responden a las características S.A.H.N.:

5.3.1. *Método del Mínimo*

El *Método del Mínimo o de la Distancia Mínima* se define, con la misma notación que utilizamos cuando nos referimos a las jerarquías indexadas y a las distancias ultramétricas, mediante la distancia siguiente:

$$d'(h_k, h_i \cup h_j) = Min(d(h_i, h_k), d(h_j, h_k)).$$

En la literatura inglesa se conoce como *Single Linkage Clustering* (unión simple), *Nearest Neighbour* (entorno o vecino más cercano) o *Minimum Method.* La interpretación geométrica de la distancia considerada en este caso pasa por deformar el triángulo definido por h_i, h_j y h_k, hasta obtener dos lados iguales que coincidan con el menor de los lados que no son base (figura 5).

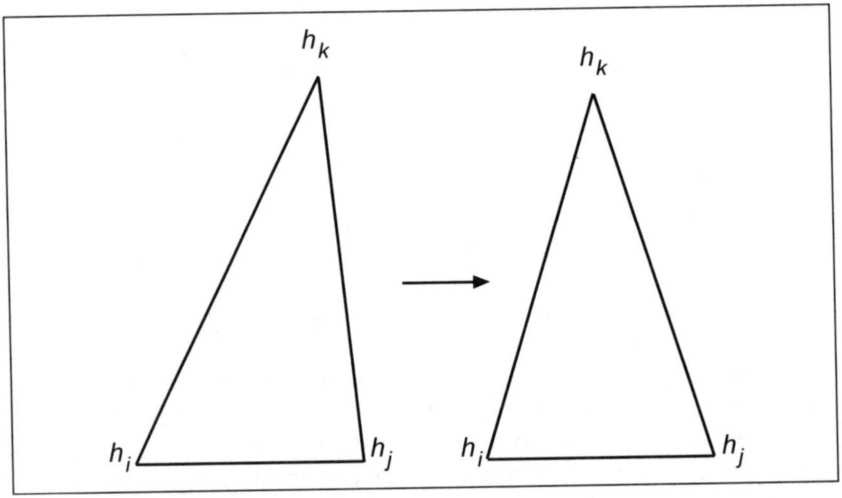

FIGURA 5: *Interpretación geométrica del Método del Mínimo.*

Este método relaciona un elemento con un grupo si tiene la mayor similitud con cualquiera de los elementos individuales de ese grupo. Este tipo de unión permite que se pueda realizar con sólo inspeccionar la matriz de similitudes. Los dos primeros casos que se combinan son aquellos cuya distancia es la menor o cuya similitud es máxima. La distancia entre el nuevo conglomerado y un caso individual se calcula como la mínima distancia entre el caso individual y un caso del conglomerado. La distancia entre dos casos que no han sido unidos no cambia. En cada paso, la distancia entre dos conglomerados se toma como la distancia entre sus dos puntos más cercanos.

Como ejemplo podemos observar las diferentes clasificaciones que se obtienen del conjunto de datos en el plano que hemos considerado, en la figura 4, al comienzo de esta sección. Las figuras 6, 7 y 8 que siguen, llevan a cabo una clasificación jerárquica, de modo que en cada paso se van formando diferentes conglomerados. Así, en la figura 6 se presenta la primera etapa en la que se unen diferentes individuos para formar diferentes conglomerados: {*a*, *b*}, {*f*, *g*}, {*i*, *j*}, y {*n*, *o*}; mientras que los restantes individuos forman su propio conglomerado: {*c*}, {*d*}, {*e*}, {*h*}, {*k*}, {*l*}, {*m*} y {*p*}.

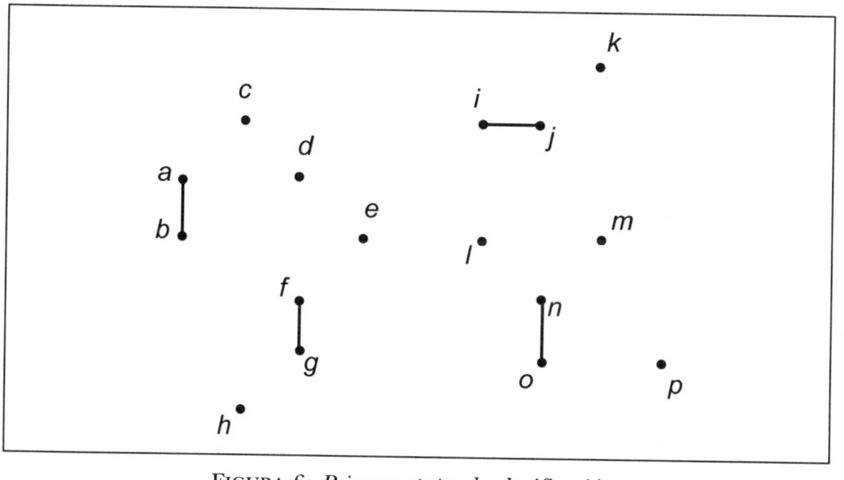

FIGURA 6: *Primera etapa de clasificación.*

En la segunda etapa se forman nuevos conglomerados como resultado de la unión de algunos de los conglomerados ya existentes y con nuevos individuos: {*a*, *b*, *c*, *d*, *e*, *f*, *g*, *h*}, {*i*, *j*, *k*}, {*l*, *m*, *n*, *o*} y {*p*} (ver figura 7). Los individuos que ya estaban unidos en etapas anteriores, es decir, que ya pertenecían a un mismo conglomerado, se representan unidos, en las figuras que siguen, por líneas discontinuas; mientras que las líneas continuas reflejan, en cada caso, los conglomerados que se unen o forman en cada una de las etapas.

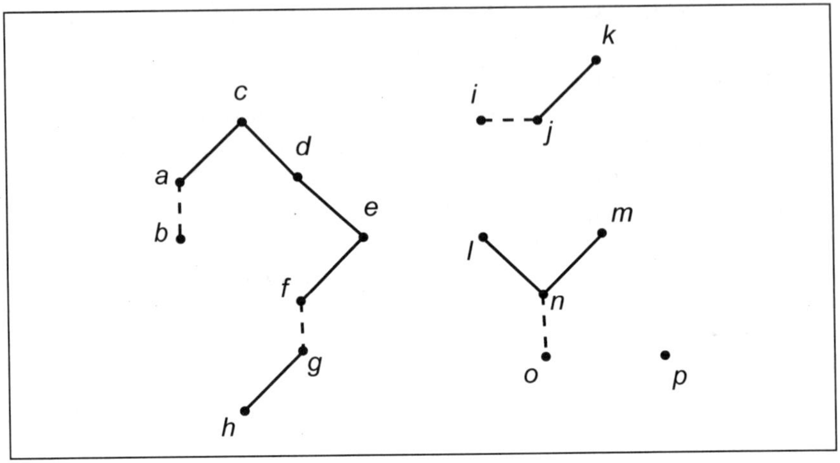

FIGURA 7: *Segunda etapa de clasificación.*

Por último, en la tercera etapa (figura 8) todos los individuos forman un único conglomerado: {*a*, *b*, *c*, *d*, *e*, *f*, *g*, *h*, *i*, *j*, *k*, *l*, *m*, *n*, *o*, *p*}.

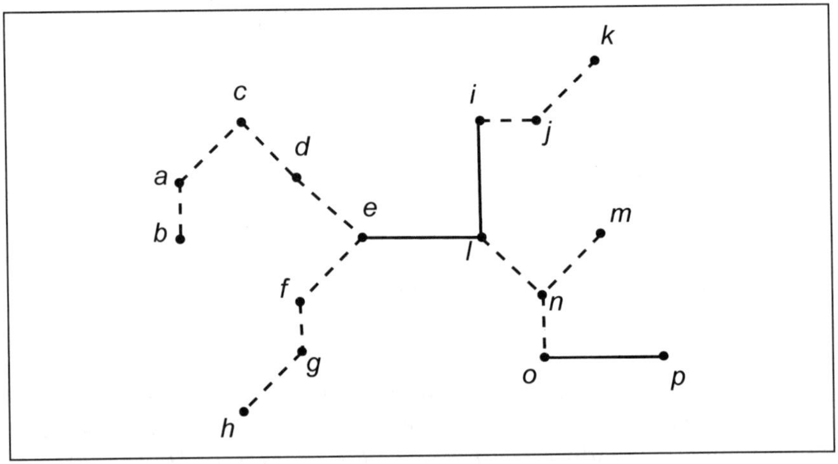

FIGURA 8: *Tercera etapa de clasificación.*

5.3.2. *Método del Máximo*

En el *Método del Máximo o de la Distancia Máxima* la nueva distancia que se define es:

$$d'(h_k, h_i \cup h_j) = Max(d(h_i, h_k), d(h_j, h_k)).$$

En la literatura anglosajona este método se conoce como *Complete Linkage Clustering* (unión completa), *Furthest Neighbour* (entorno o vecino más lejano) o *Maximum Method.* La interpretación geométrica de la distancia que su utiliza en este método consiste en llevar a cabo una deformación del triángulo definido por h_i, h_j y h_k, hasta obtener dos lados iguales que coincidan con el mayor de los lados que no son base (ver figura 9).

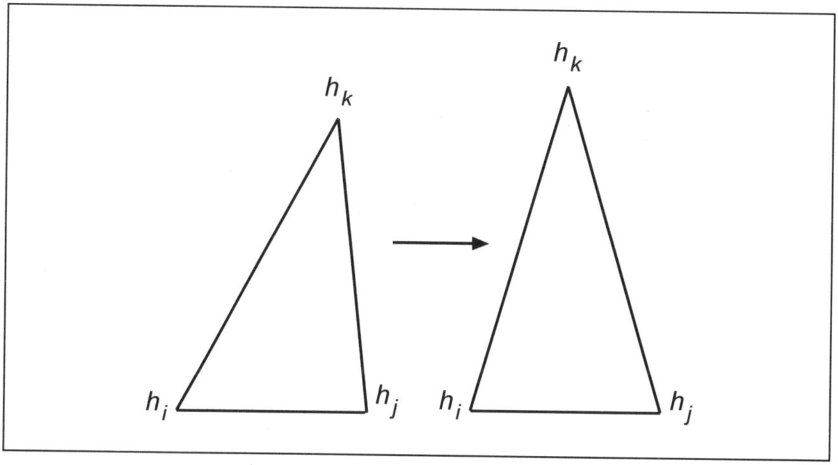

FIGURA 9: *Interpretación geométrica del Método del Máximo.*

En este método, la similitud de un elemento con un grupo se calcula como la similitud de dicho elemento con el individuo más alejado de ese grupo. La distancia entre dos clusters se calcula como la distancia entre sus dos puntos más alejados. Siguiendo con el ejemplo anterior, en las figuras siguientes se presentan las diferentes aglomeraciones (fruto de clasificaciones jerárquicas) que se obtienen para los puntos que se presentaron en la figura 4. En la primera etapa las aglomeraciones que se obtienen son: $\{a, b\}$, $\{c\}$, $\{d\}$, $\{e\}$, $\{f, g\}$, $\{h\}$, $\{i, j\}$, $\{k\}$, $\{l\}$, $\{m\}$, $\{n, o\}$ y $\{p\}$ (ver figura 10).

En la segunda etapa (figura 11), los grupos son los siguientes: $\{a, b, c, d\}$, $\{e, f, g\}$, $\{h\}$, $\{i, j, k\}$, $\{l, m, n, o\}$ y $\{p\}$ (También en este ejemplo, así como en los que siguen, utilizamos las líneas continuas para señalar las uniones que se producen en cada etapa; mientras que las líneas discontinuas marcan las uniones efectuadas en etapas anteriores).

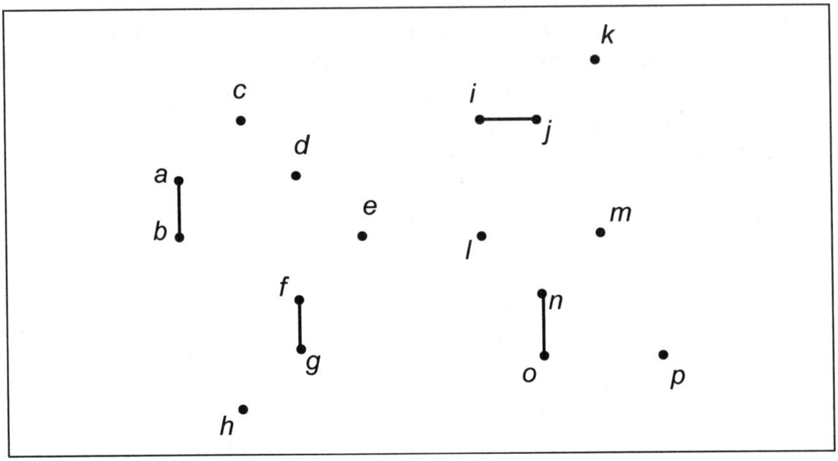

FIGURA 10: *Primera etapa de clasificación.*

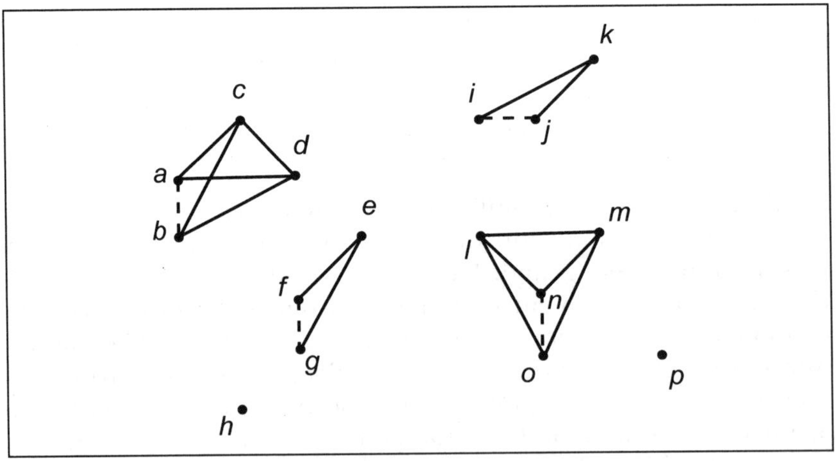

FIGURA 11: *Segunda etapa de clasificación.*

En la etapa tercera el número de grupos que se logra es de cuatro: {*a*, *b*, *c*, *d*}, {*e*, *f*, *g*, *h*}, {*i*, *j*, *k*} y {*l*, *m*, *n*, *o*, *p*} (figura 12).

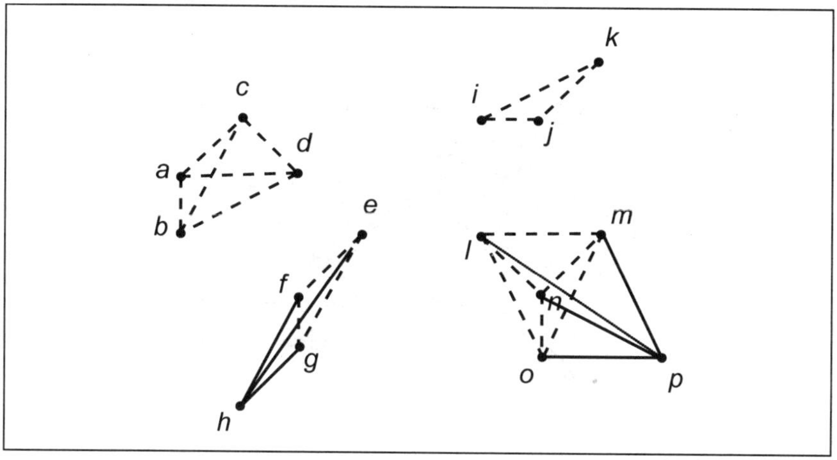

FIGURA 12: *Tercera etapa de clasificación.*

En la cuarta (figura 13) sólo se obtienen dos conglomerados: {*a*, *b*, *c*, *d*, *e*, *f*, *g*, *h*} y {*i*, *j*, *k*, *l*, *m*, *n*, *o*, *p*}.

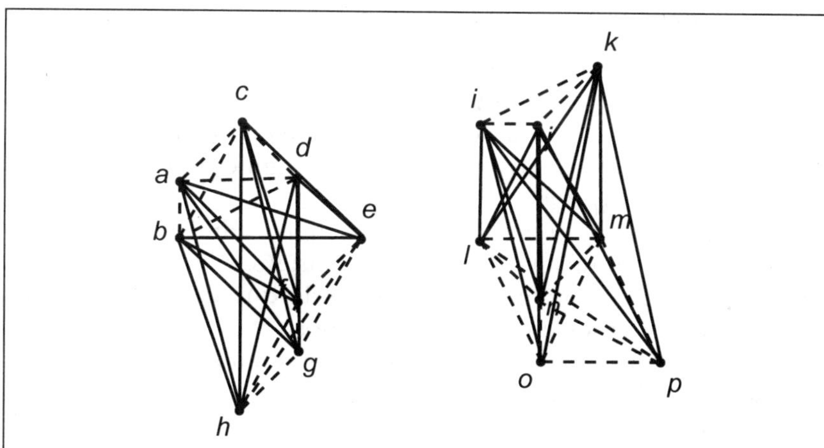

FIGURA 13: *Cuarta etapa de clasificación.*

Finalmente, en la última etapa (figura 14), se obtiene un único conglomerado formado por todos los individuos:

{*a*, *b*, *c*, *d*, *e*, *f*, *g*, *h*, *i*, *j*, *k*, *l*, *m*, *n*, *o*, *p*}.

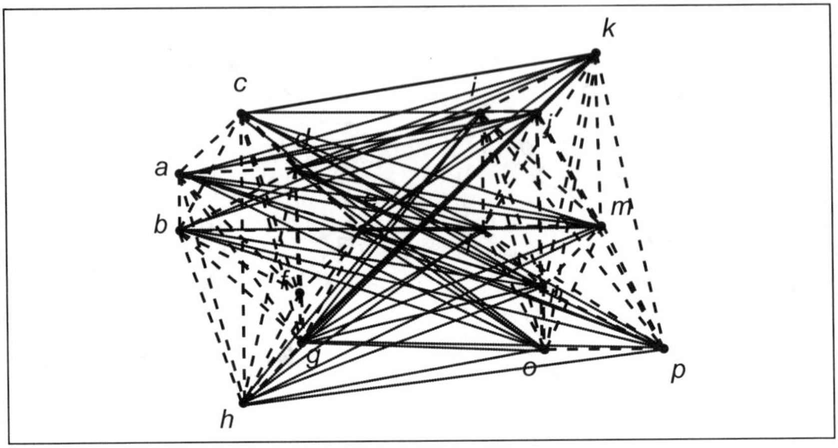

FIGURA 14: *Quinta etapa de clasificación.*

5.3.3. *Método de la Media*

En el *Método de la Media o de la Distancia Promedio No Ponderado* la distancia que se considera es:

$$d'(h_k, h_i \cup h_j) = (1/2)\ d(h_i, h_k) + (1/2)\ d(h_j, h_k).$$

También es conocido como *Weighted Pair Groups Method Using Arithmetic Averages* (WPGMA). En este caso, la interpretación geométrica de la distancia que se utiliza consiste en tomar la media aritmética simple de los lados mayores del triángulo definido por h_i, h_j y h_k (ver figura 15).

Este método pondera los nuevos miembros admitidos en un conglomerado con el mismo peso que los existentes hasta entonces. El método combina conglomerados de modo que la distancia media entre todos los casos en el conglomerados resultante sea la menor posible. Así, la distancia entre dos conglomerados se toma como la media de las distancias entre todos los posibles pares de casos en el conglomerado resultante.

5.3.4. *Método de la Media Ponderada*

En el *Método de la Media Ponderada o de la Distancia Promedio Ponderado*, similar al de la Media, la distancia se define ponderando respecto a n_i y n_j; es decir, ponderando con respecto al número de individuos de h_i y de h_j, de la siguiente forma:

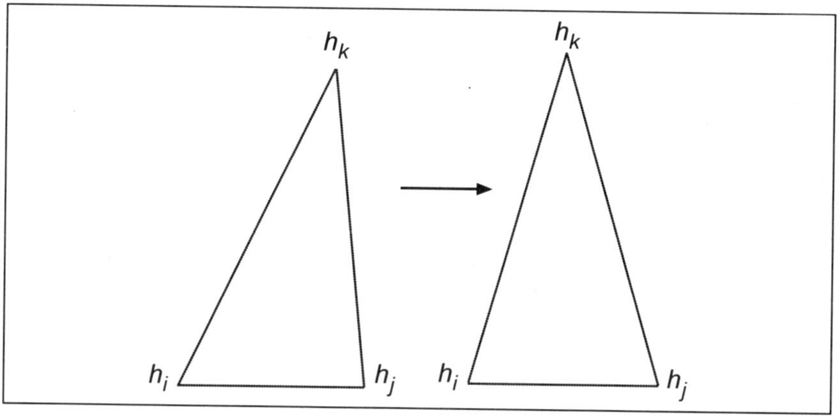

FIGURA 15. *Interpretación geométrica del Método de la Media.*

$$d'(h_k, h_i \cup h_j) =$$
$$(n_i / (n_i + n_j))\ d(h_i, h_k) + (n_j / (n_i + n_j))\ d(h_j, h_k).$$

El método suele denominarse *Group Average* o *Unweighted Pair Groups Method Using Arithmetic Averages* (UPGMA) y la distancia entre dos conglomerados se define como la media de las distancias entre todos los pares de casos en los que un miembro del par es de cada uno de los conglomerados.

5.3.5. *Método de la Mediana*

En el *Método de la Mediana o de la Distancia Mediana* se define la distancia como:

$$d'(h_k, h_i \cup h_j) =$$
$$(1/2)\ d(h_i, h_k) + (1/2)\ d(h_j, h_k) - (1/4)\ d(h_i, h_j).$$

La interpretación geométrica de la distancia usada en este caso consiste en deformar el triángulo definido por h_i, h_j y h_k de modo que los dos lados iguales coincidan con la mediana desde el vértice h_k hasta la base h_i, h_j (ver figura 16).

Este método es llamado también *Weighted Pair Group Centroid Method* (WPGMC) y utiliza sólo la distancia euclídea al cuadrado. Los dos conglomerados que están siendo combinados pesan lo mismo en el cálculo del centroide, es indiferente el número de casos de cada uno. Esto permite que conglomerados pequeños tengan igual

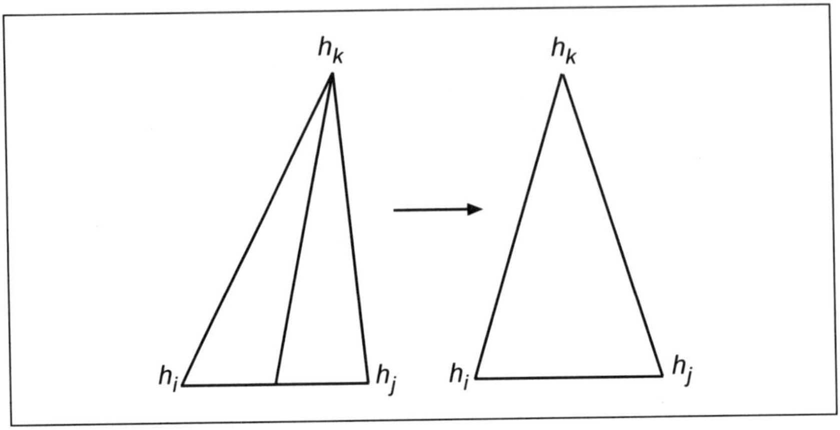

FIGURA 16: *Interpretación geométrica del Método de la Mediana.*

efecto en la caracterización que los conglomerados grandes con los que están siendo mezclados. Volviendo de nuevo al ejemplo que estamos considerando para ilustrar algunos de los métodos más comúnmente utilizados para elaborar clasificaciones, en la figuras 17 a 23 se puede ver el proceso que se sigue con este método para obtener una clasificación jerárquica, en la que se parte del conjunto de puntos del plano que se muestra en la figura 4. Como se puede observar, en cada una de las etapas se determina el centro de cada

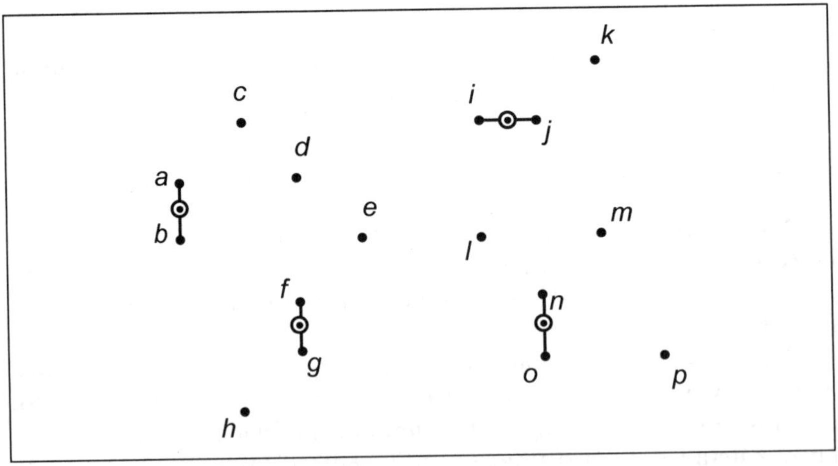

FIGURA 17: *Primera etapa de clasificación.*

uno de los conglomerados para llevar a cabo el procedimiento descrito. Así, los conglomerados en cada una de las sucesivas etapas son los siguientes. En la primera etapa (figura 17) los grupos son: {*a*, *b*}, {*c*}, {*d*}, {*e*}, {*f*, *g*}, {*h*}, {*i*, *j*}, {*k*}, {*l*}, {*m*}, {*n*, *o*} y {*p*}.

En la segunda, los conglomerados resultantes son los siguientes: {*a*, *b*}, {*c*, *d*}, {*e*}, {*f*, *g*}, {*h*}, {*i*, *j*, *k*}, {*l*}, {*m*}, {*n*, *o*} y {*p*} (ver figura 18).

En la etapa tercera, los conglomerados que se obtienen son: {*a*, *b*, *c*, *d*}, {*e*, *f*, *g*}, {*h*}, {*i*, *j*, *k*}, {*m*}, {*l*, *n*, *o*} y {*p*} (ver figura 19).

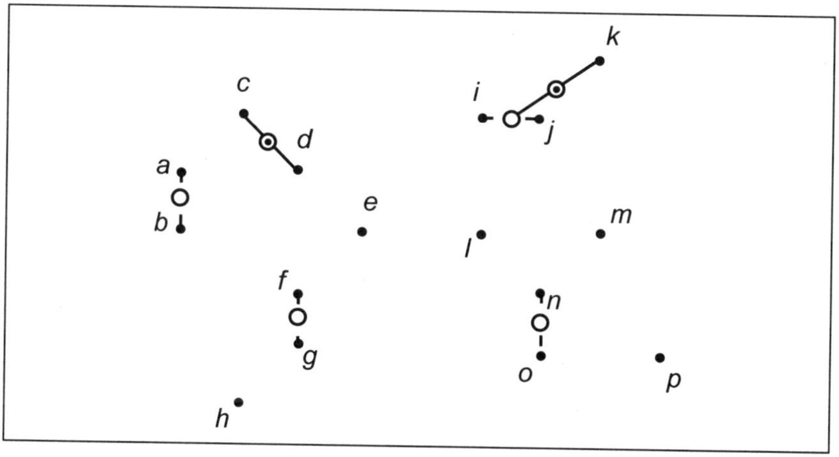

FIGURA 18: *Segunda etapa de clasificación.*

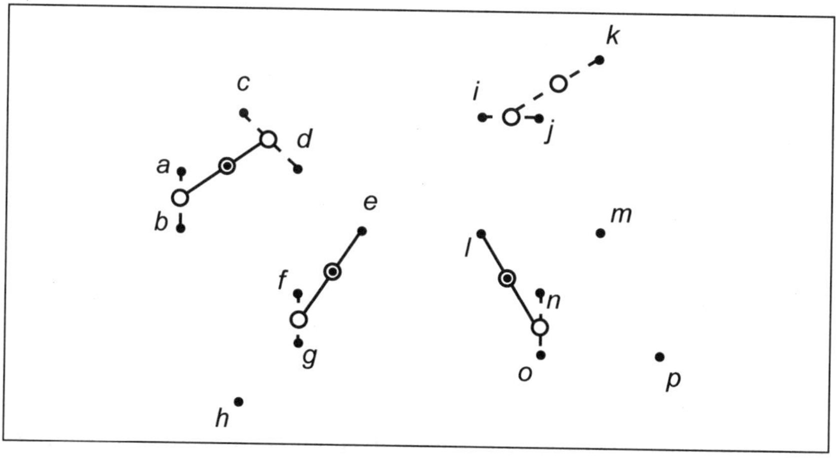

FIGURA 19: *Tercera etapa de clasificación.*

En la figura 20 se pueden ver los conglomerados que resultan de la cuarta etapa de aglomeración: {*a*, *b*, *c*, *d*, *e*, *f*, *g*}, {*h*}, {*i*, *j*, *k*}, {*l*, *m*, *n*, *o*} y {*p*}.

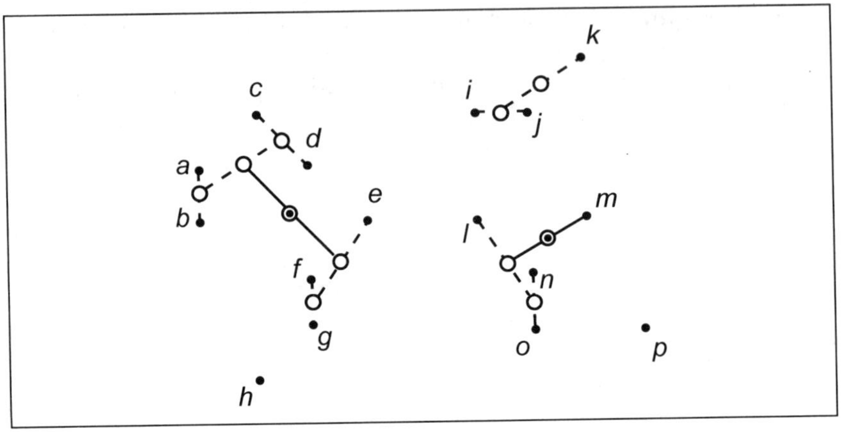

FIGURA 20: *Cuarta etapa de clasificación.*

Los tres conglomerados de la etapa quinta están representados en la figura 21: {*a*, *b*, *c*, *d*, *e*, *f*, *g*, *h*}, {*i*, *j*, *k*} y {*l*, *m*, *n*, *o*, *p*}.

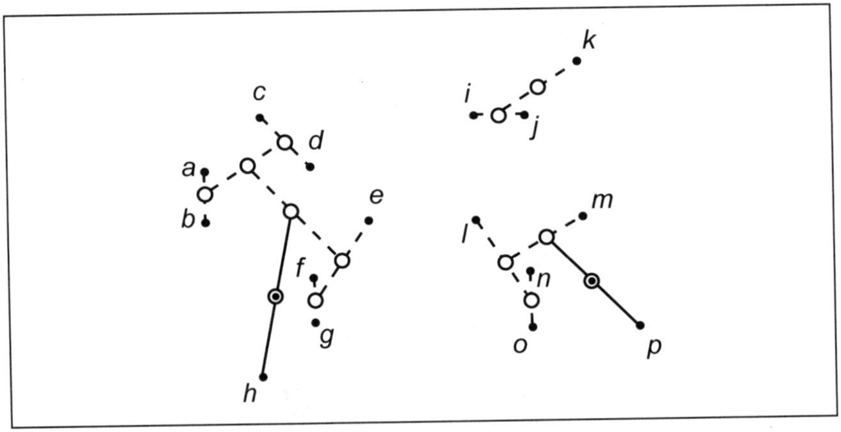

FIGURA 21: *Quinta etapa de clasificación.*

En la sexta etapa se obtienen sólo dos conglomerados, como consecuencia de la unión de dos de los conglomerados ya existentes: {*a*, *b*, *c*, *d*, *e*, *f*, *g*, *h*} y {*i*, *j*, *k*, *l*, *m*, *n*, *o*, *p*} (ver figura 22).

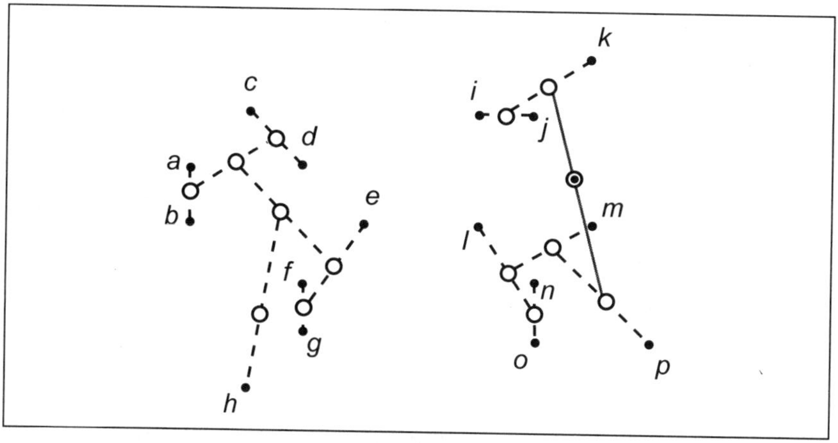

FIGURA 22: *Sexta etapa de clasificación.*

Por último, en la etapa séptima se obtiene un único conglomerado que contiene a todos los elementos del conjunto de partida (ver figura 23).

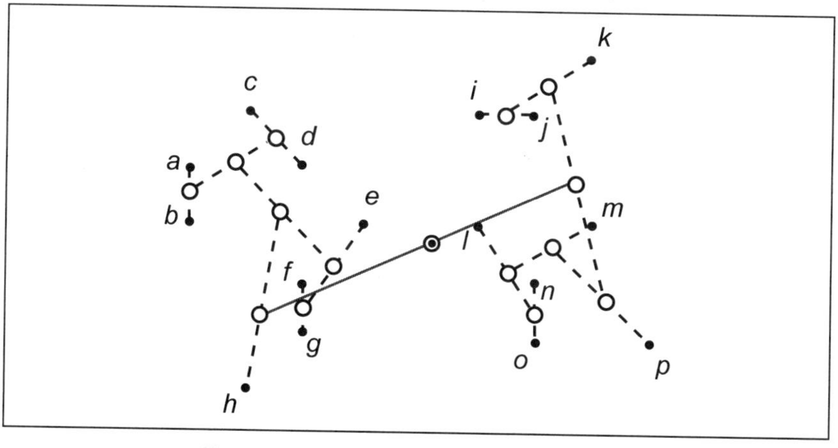

FIGURA 23: *Séptima etapa de clasificación.*

5.3.6. *Método del Centroide*

En el *Método del Centroide o de la Distancia Prototipo* la distancia que se define es la siguiente:

$$d'(h_k, h_i \cup h_j) = (n_i / (n_i + n_j))\ d(h_i, h_k) + (n_j / (n_i + n_j))\ d(h_j, h_k) - (n_i\ n_j / (n_i + n_j)^2)\ d(h_i, h_j).$$

Este método es similar al anterior, pero en él se hace intervenir el número de individuos de h_i y de h_j: n_i y n_j.

El método, también llamado *Unweighted Pair Group Centroid Method* (UPGMC), sólo utiliza la distancia euclídea al cuadrado. El método calcula la distancia entre dos conglomerados como la distancia entre sus medias para todas las variables. Una desventaja del método es que la distancia con la que los conglomerados se combinan disminuye de un paso al siguiente. Es una propiedad no deseable pues los conglomerados mezclados en etapas posteriores son menos similares que los mezclados en etapas anteriores. El centroide de un conglomerado mezclado es una combinación ponderada de los centroides de los dos conglomerados individuales, donde los pesos son proporcionales a los tamaños de los conglomerados. Siguiendo con el ejemplo que venimos analizando en los diferentes métodos, la primera etapa aglomerativa proporciona el mismo número de conglomerados, y con la misma composición cada uno, que en los ejemplos previos, dado que los primeros individuos que se unen son los más cercanos, y éstos son los mismos en todos los casos (ver figura 24).

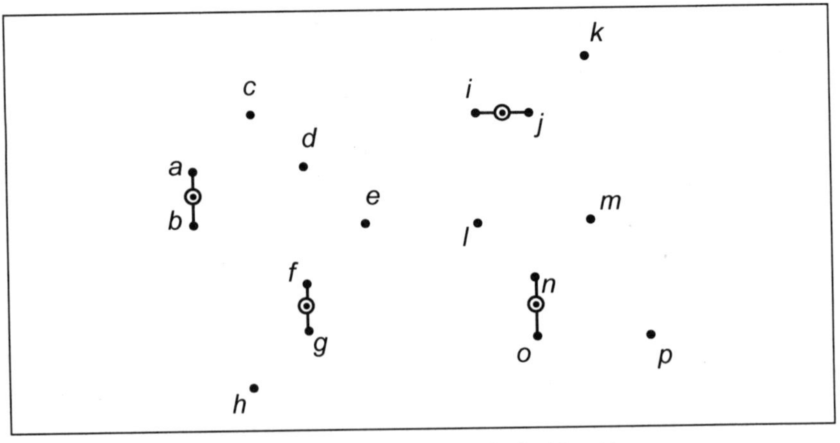

FIGURA 24: *Primera etapa de clasificación.*

Se puede observar que los conglomerados que se obtienen en esta segunda etapa son los mismos que los obtenidos en la segunda etapa con el método WPGMC: {*a*, *b*}, {*c*, *d*}, {*e*}, {*f*, *g*}, {*h*}, {*i*, *j*, *k*}, {*l*}, {*m*}, {*n*, *o*} y {*p*} (comparar las figuras 25 y 18). Sin embargo, es importante notar que los centros de los conglomerados {*i*, *j*, *k*} no son los mismos para ambos métodos, dado que en el primer caso no se tiene en cuenta el número de individuos que ya pertenecían al conglomerado y en el segundo sí que se tiene en cuenta. Dicho de otra forma, para el método de la mediana, el centroide equidista del punto *k* y del centro que determinan *i* y *j* (figura 18); mientras que en el método del centroide, el centro equidista de los tres puntos *i*, *j* y *k* (figura 25).

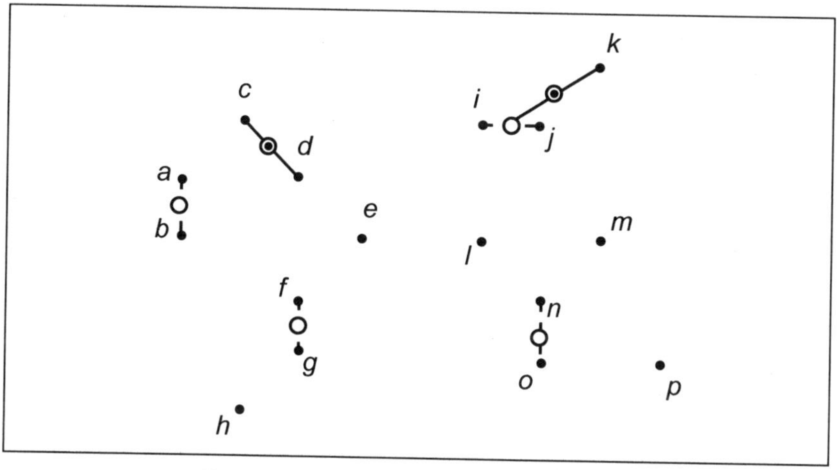

FIGURA 25: *Segunda etapa de clasificación.*

Algo similar a lo mencionado anteriormente puede decirse para la tercera etapa. Se puede observar que los centros de los conglomerados obtenidos en la figura 26 no son los mismos que los que se obtuvieron en la figura 19, aunque los conglomerados resultantes sean los mismos: {*a*, *b*, *c*, *d*}, {*e*, *f*, *g*}, {*h*}, {*i*, *j*, *k*}, {*m*}, {*l*, *n*, *o*} y {*p*}.

Como resultado de los diferentes centros obtenidos en la etapa tercera para los métodos WPGMC y UPGMC, resulta que en la etapa cuarta, los conglomerados que se forman son distintos para ambos métodos. Así, para este método, los conglomerados son los siguientes: {*a*, *b*, *c*, *d*}, {*e*, *f*, *g*, *h*}, {*i*, *j*, *k*}, {*l*, *m*, *n*, *o*} y {*p*} (figura 27).

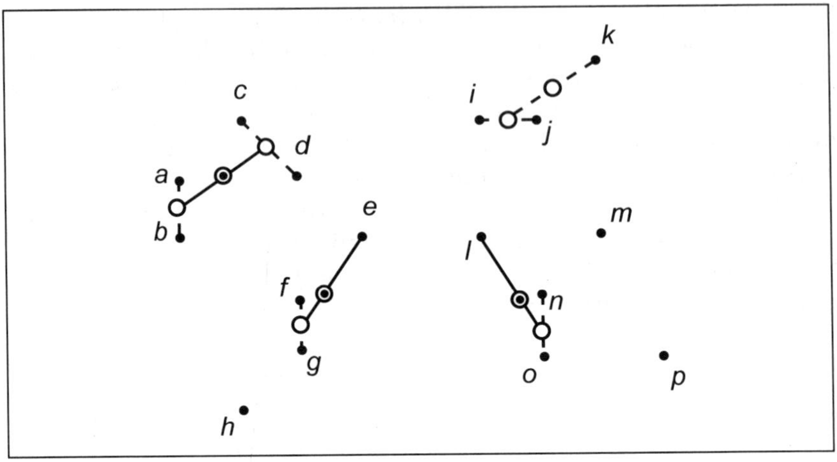

FIGURA 26: *Tercera etapa de clasificación.*

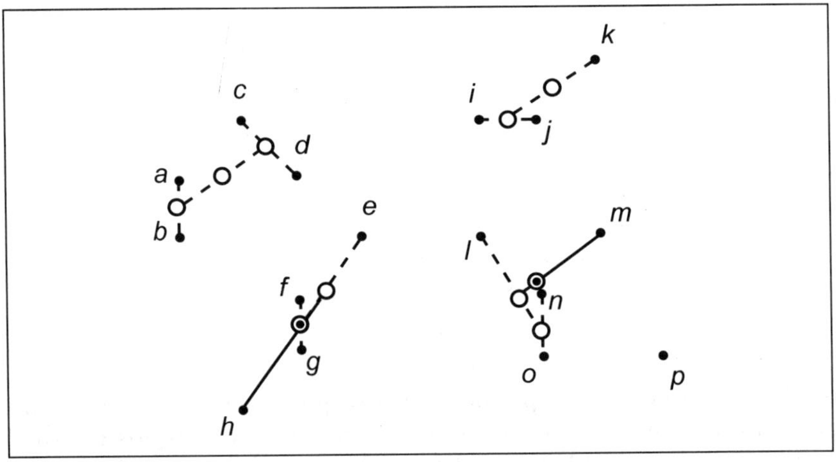

FIGURA 27: *Cuarta etapa de clasificación.*

En la quinta etapa se obtienen tres conglomerados (ver figura 28): {*a, b, c, d, e, f, g, h*}, {*i, j, k*} y {*l, m, n, o, p*}.

En la penúltima etapa sólo se forman dos conglomerados (figura 29): {*a, b, c, d, e, f, g, h*} y {*i, j, k, l, m, n, o, p*}.

Por último, en la séptima etapa se llega a un único conglomerado formado por los elementos originales (figura 30).

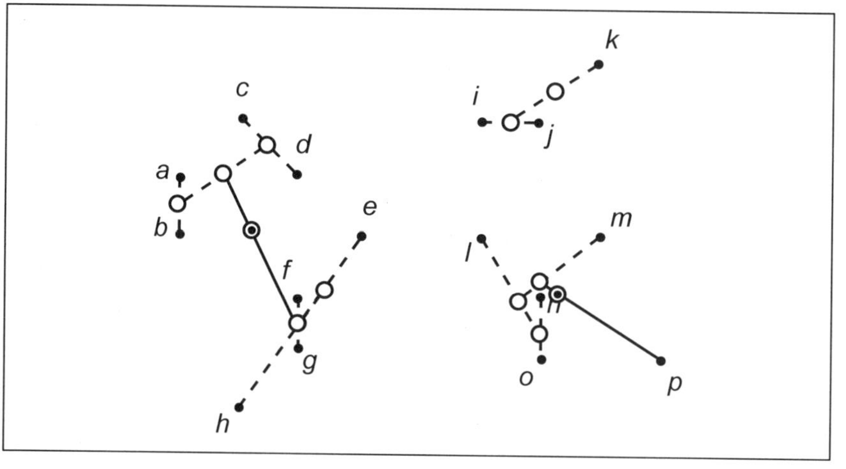

FIGURA 28: *Quinta etapa de clasificación.*

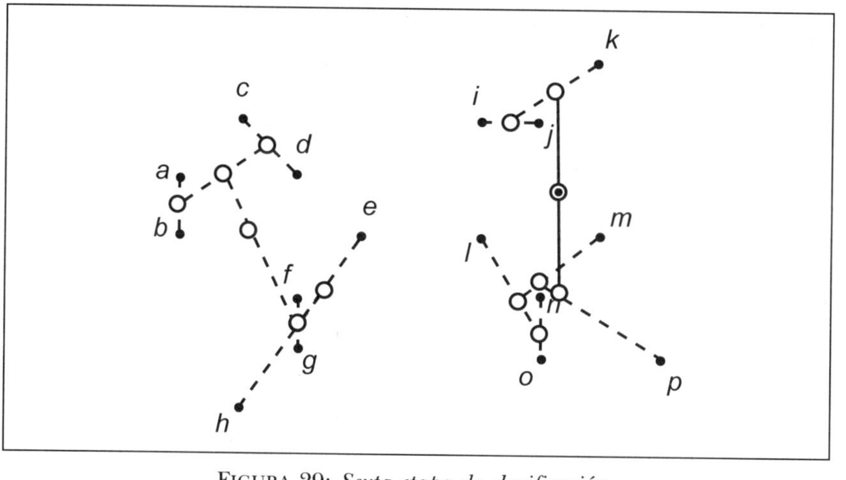

FIGURA 29: *Sexta etapa de clasificación.*

Con los ejemplos que hemos presentado a lo largo de los anteriores métodos se ha puesto de manifiesto de forma clara que, aun partiendo de un mismo conjunto de datos, las clasificaciones jerárquicas que se pueden obtener con cada uno de ellos son diferentes. Téngase en cuenta que para todos los métodos presentados se parte de una misma situación, es decir, la etapa inicial considera

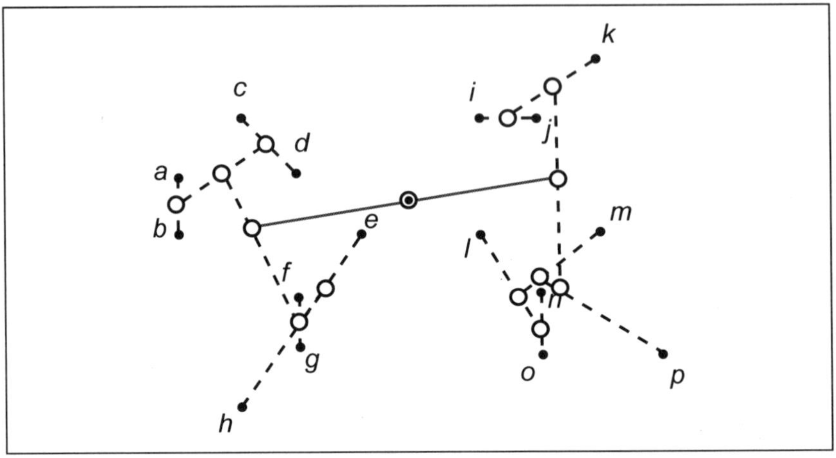

FIGURA 30: *Séptima etapa de clasificación.*

que cada individuo forma un único conglomerado; y se llega a un mismo estado final, esto es, existe un único conglomerado formado por todos los individuos. Sin embargo, las clasificaciones intermedias son diferentes puesto cada método requiere diferente número de etapas y los elementos que forman cada conglomerado son diferentes. Incluso puede darse el caso, como ya hemos visto, que diferentes métodos sigan procesos parecidos y proporcionen situaciones muy similares en etapas iniciales e intermedias. De ahí la importancia de que el investigador decida qué método es el que va a utilizar. Es claro que dependiendo de las características de los datos y del tipo de individuo con el que se vaya a trabajar, el algoritmo a utilizar deberá ser uno u otro, según los objetivos que se pretendan conseguir.

5.3.7. *Método de Ward*

El fundamento del *Método de Ward o de la Mínima Varianza* es relativamente distinto al de los presentados hasta ahora y se utiliza con algunas variantes a la hora de llevar a cabo su implementación sobre un ordenador. Para este método se considera la distancia euclídea al cuadrado como medida de disimilitud. Llamando

$$d(x_i, x_j)^2 = ||x_i - x_j||^2$$

a dicha distancia entre los puntos x_i y x_j, la varianza total (o inercia) del conjunto de puntos es la cantidad dada por la siguiente expresión:

$$I = \Sigma_i \; m_i||x_i - G||^2,$$

siendo G el centro de gravedad de los puntos dados, con masas respectivas m_i.

Si existe una partición del conjunto de individuos en q conglomerados, el q-ésimo conglomerado tiene como centro de gravedad a G_q y masa m_q. Entonces la inercia se puede descomponer como la suma de la varianza que existe dentro de los conglomerados y la que hay entre unos conglomerados y otros, de la siguiente manera:

$$I = \Sigma_q \; m_q||G_q - G||^2 + \Sigma_q \; \Sigma_{i \in q} \; m_i||x_i - G_q||^2.$$

Si x_i y x_j son dos elementos de masas m_i y m_j, respectivamente, que se unen en un elemento x de masa $m = m_i + m_j$, con

$$x = (m_i \; x_i + m_j \; x_j) \; / \; (m_i + m_j),$$

podemos descomponer la varianza I_{ij} de x_i y x_j con respecto a G por la ecuación:

$$I_{ij} = m_i||x_i - x||^2 + m_j||x_j - x||^2 + m||x - G||^2.$$

El último término es el único que permanece constante si se cambian x_i y x_j por su centro de gravedad x. La reducción en la varianza es entonces:

$$\Delta I_{ij} = m_i||x_i - x||^2 + m_j||x_j - x||^2.$$

Reemplazando x por su valor como función de x_i y x_j, tenemos:

$$\Delta I_{ij} = ((m_i \; m_j) \; / \; (m_i + m_j))||x_i - x||^2 =$$
$$((m_i \; m_j) \; / \; (m_i + m_j)) \; d(x_j - x_j)^2.$$

Así pues, la estrategia que se sigue para hacer conglomerados con este método consiste en encontrar los individuos x_i y x_j con la condición de que hagan mínima ΔI_{ij}, en lugar de ser los individuos más cercanos. Por tanto, puede considerarse a ΔI_{ij} como un nuevo índice de disimilitud. Por medio de esta estrategia, los individuos con menor peso son los que más pronto se unen. El cuadrado de la distancia de un punto z a un centro de conglomerado x, se puede escribir en función de las distancias a los puntos x_i y x_j:

$$d(x - z)^2 = (1 / (m_i + m_j)) \; (m_i \; d(x_i, z)^2 + m_j \; d(x_j, z)^2 - ((m_i \; m_j) / (m_i + m_j)) \; d(xi, x_j)^2),$$

esta fórmula se establece por medio de la descomposición de la varianza de (x_i, x_j) con respecto a z, en la varianza con respecto a x y en la varianza de x con respecto a z:

$$m_i||x_i - z||^2 + m_j||x_i - z||^2 = (m_i + m_j)||x_i - z||^2 + ((m_i \; m_j) / (m_i + m_j)) \; ||x_i - z||^2.$$

Para cada uno de estos métodos de Análisis de Conglomerados se pueden utilizar diferentes medidas de similitud entre los individuos, a excepción de los métodos de la Mediana, del Centroide y de Ward, que sólo utilizan la distancia euclídea al cuadrado.

5.4. Representación gráfica: Dendrograma

La representación gráfica de una distancia ultramétrica sobre un conjunto finito de individuos se conoce con el nombre de *dendrograma* y permite, por tanto, observar la clasificación obtenida por medio de una jerarquía indexada. Un dendrograma es, pues, un diagrama que muestra las fusiones de los individuos en cada paso del procedimiento jerárquico, mediante líneas que van señalando las diferentes etapas en las que se van formando dichas uniones. Los dendrogramas se presentan por medio de dos ejes, sobre uno de ellos aparecen todos los individuos y sobre el otro se representan las distancias a la que dichos individuos se van uniendo en los diferentes niveles jerárquicos (en la mayoría de las ocasiones, las distancias reales se transforman de modo que se lleva a cabo un cambio de escala con objeto de que la distancia máxima sea, por ejemplo, 100). En los ejemplos que siguen hemos optado por representar a los individuos en el eje horizontal y a las distancias en el vertical, aunque también se puede hacer al revés.

A modo de ejemplo, y para ilustrar los diferentes dendrogramas que se obtienen para algunos de los métodos comentados anteriormente, vamos a elaborar los dendrogramas que resultan para el ejemplo que hemos considerado en los métodos que se han presentado. En este caso, como no hemos trabajado con distancias numéricas y nos hemos limitado a utilizar «distancias visuales» para aclarar los métodos, vamos a usar como medida de la distancia la etapa en la que se produce determinada agrupación de los individuos, es decir, cada etapa estará representada por un número (la distancia). Así, el «1» será la primera de las etapas; el «2», la segunda, y así sucesivamente. Para comprender adecuadamente cómo se lleva a cabo esta representación, comentaremos algunos de los dendrogramas siguientes. Consideremos entonces el conjunto finito que hemos utilizado anteriormente para mostrar las diferentes clasificaciones que se obtenían con los diferentes métodos: $F = \{a, b, c, d, e, f, g, h, i, j, k, l, m, n, o, p\}$.

5.4.1. *Método del Mínimo*

El dendrograma correspondiente a la clasificación jerárquica obtenida para el conjunto finito *F*, según el método del mínimo o de la distancia mínima, debe reflejar la forma en que se van agrupando los individuos en cada una de las etapas. Así, debe dejar claro que en la primera etapa, es decir, en el momento que hemos considerado en que la distancia de los individuos es «1», se unen algunos individuos para formar la siguiente agrupación de conglomerados: $\{a, b\}$, $\{c\}$, $\{d\}$, $\{e\}$, $\{f, g\}$, $\{h\}$, $\{i, j\}$, $\{k\}$, $\{l\}$, $\{m\}$, $\{n, o\}$ y $\{p\}$. Esto lo conseguiremos si en este momento todos los individuos que forman un mismo conglomerado se encuentran unidos entre sí, indicando que son el mismo grupo. Así pues, la primera parte del dendrograma tendrá el aspecto que se muestra en la figura 31:

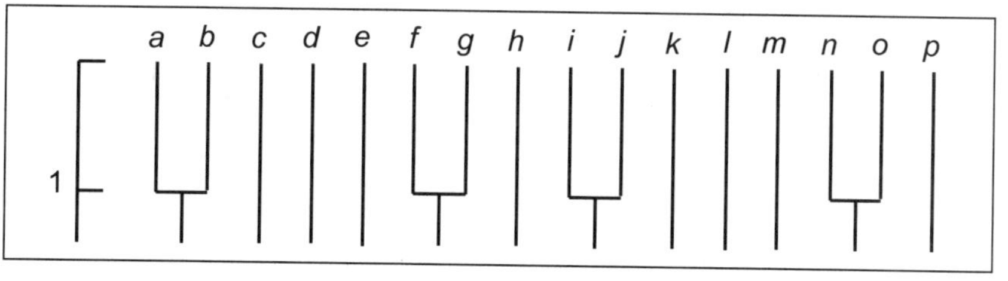

FIGURA 31: *Dendrograma de la etapa 1.*

En la segunda etapa, es decir, a distancia «2», los conglomerados que resultan son los siguientes: $\{a, b, c, d, e, f, g, h\}$, $\{i, j, k\}$, $\{l, m, n, o\}$ y $\{p\}$. Por este motivo deberán, a una distancia «2», estar unidos algunos de los individuos que estaban solos en la etapa «1» y algunos conglomerados formados en esa etapa. La representación de esta segunda etapa sería la que aparece en la figura 32:

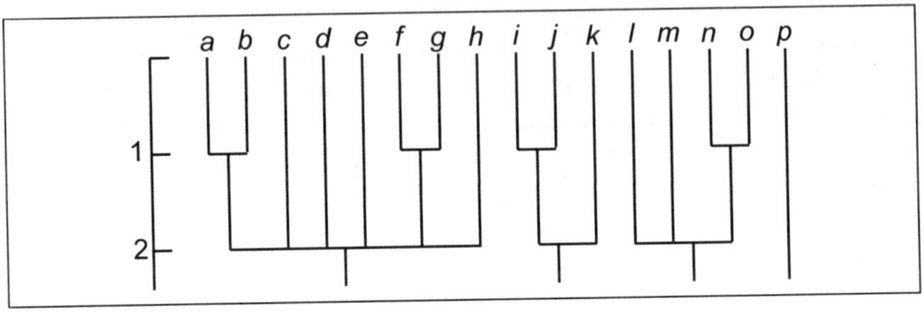

FIGURA 32: *Dendrograma de la etapa 2.*

Finalmente, a distancia «3», es decir, en la tercera etapa se unen todos los individuos para formar un único conglomerado: {*a, b, c, d, e, f, g, h, i, j, k, l, m, n, o, p*}. Así, el dendrograma correspondiente a la clasificación jerárquica del conjunto finito *F*, según el método del mínimo, es el de la figura 33:

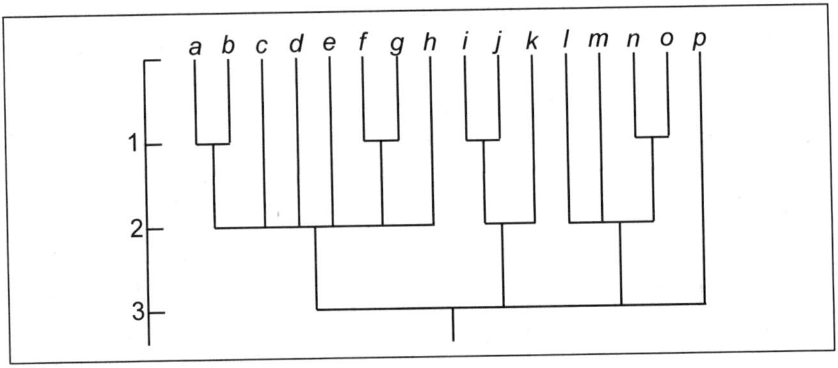

FIGURA 33: *Dendrograma para el Método del Mínimo.*

5.4.2. *Método del Máximo*

El dendrograma que corresponde a la clasificación jerárquica obtenida para este método se lleva a cabo de forma similar a como se ha realizado para el método anterior. En este dendrograma (ver figura 34) se puede observar que el número de etapas (valores diferentes de la distancia) es mayor.

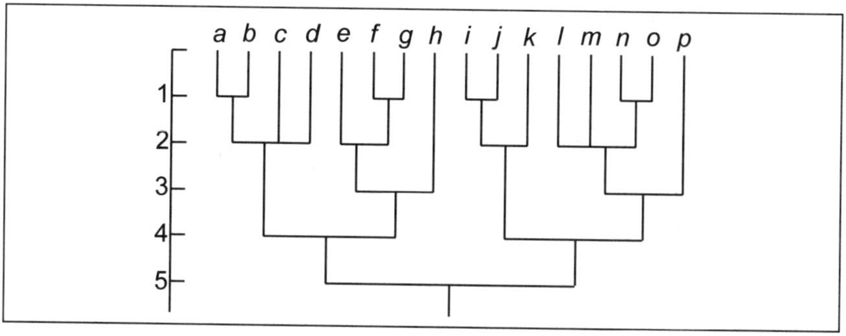

FIGURA 34: *Dendrograma para el Método del Máximo.*

5.4.3. *Método de la Mediana*

En el método de la mediana se obtiene un dendrograma diferente a los obtenidos en los dos métodos anteriores, dado que la forma de agrupar a los individuos o a los grupos es diferente. Así, es este caso se puede apreciar que el dendrograma contiene 7 etapas que, según hemos señalado antes, corresponden a las 7 distancias diferentes que aparecen a la hora de llevar a cabo las diferentes agrupaciones. Obsérvese que en este dendrograma (figura 35) hemos intercambiado las posiciones de los indivi-

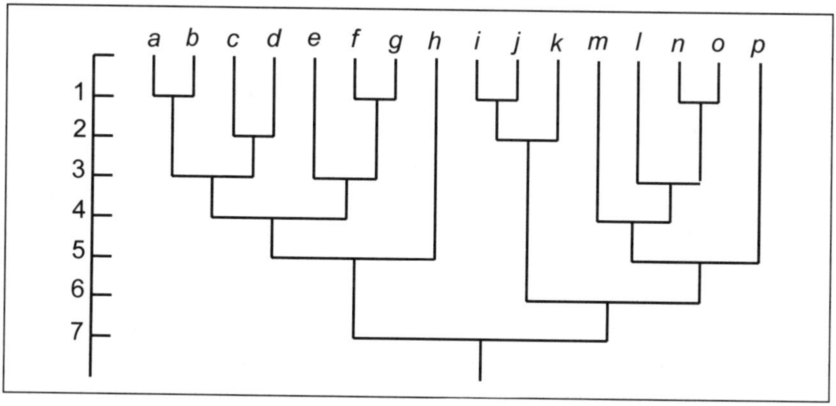

FIGURA 35: *Dendrograma para el Método de la Mediana.*

duos *l* y *m* en el eje horizontal debido a que en la etapa «3» el individuo *l* se une al grupo {*n*, *o*}, manteniéndose el individuo *m* aislado.

Por otra parte, es fácil ver que en cada una de las etapas están representados cada uno de los diferentes conglomerados que se han obtenido hasta ese momento. Así, si se traza una línea horizontal que pase ligeramente por debajo de la distancia (etapa) «1» en el dendrograma, se pueden observar que aparecen 12 grupos: {*a*, *b*}, {*c*}, {*d*}, {*e*}, {*f*, *g*}, {*h*}, {*i*, *j*}, {*k*}, {*l*}, {*m*}, {*n*, *o*} y {*p*}, que corresponden a las líneas verticales señaladas hasta ese momento. Si la línea horizontal se traza en la distancia «2», las líneas verticales que se cortan con la horizontal que se acaba de trazar se reducen a 10, que son las 10 agrupaciones existentes en este momento de la clasificación jerárquica: {*a*, *b*}, {*c*, *d*}, {*e*}, {*f*, *g*}, {*h*}, {*i*, *j*, *k*}, {*l*}, {*m*}, {*n*, *o*} y {*p*}. De forma similar se puede repetir este proceso en la distancia «3», obteniéndose los siguientes 6 grupos: {*a*, *b*, *c*, *d*}, {*e*, *f*, *g*}, {*h*}, {*i*, *j*, *k*}, {*m*}, {*l*, *n*, *o*} y {*p*}; en la distancia «4» resultan 5 conglomerados: {*a*, *b*, *c*, *d*, *e*, *f*, *g*}, {*h*}, {*i*, *j*, *k*}, {*l*, *m*, *n*, *o*} y {*p*}; en la distancia «5» se llega a 3 clases: {*a*, *b*, *c*, *d*, *e*, *f*, *g*, *h*}, {*i*, *j*, *k*} y {*l*, *m*, *n*, *o*, *p*}; en la distancia o etapa «6» aparecen 2 grupos: {*a*, *b*, *c*, *d*, *e*, *f*, *g*, *h*} y {*i*, *j*, *k*, *l*, *m*, *n*, *o*, *p*}; y finalmente, en la distancia «7» aparece un único conglomerado, el formado por todos los individuos del conjunto original: {*a*, *b*, *c*, *d*, *e*, *f*, *g*, *h*, *i*, *j*, *k*, *l*, *m*, *n*, *o*, *p*}.

5.4.4. *Método del Centroide*

Al igual que en el método anterior, hemos intercambiado las posiciones de los individuos *l* y *m*, por la misma razón apuntada allí. Además, conviene señalar que las tres primeras etapas del dendrograma que corresponde a este método del centroide (figura 36), coinciden con las mismas etapas del método anterior, dado que las clasificaciones obtenidas son las mismas, aunque los centros de cada uno de los conglomerados obtenidos en esta tercera etapa sean diferentes. Esta diferencia se puede apreciar en el proceso de construcción de los conglomerados pero no en la representación gráfica de los mismos, puesto que en el dendrograma sólo se representan las distancias a las que se van formando los conglomerados y quiénes forman parte de cada uno de ellos.

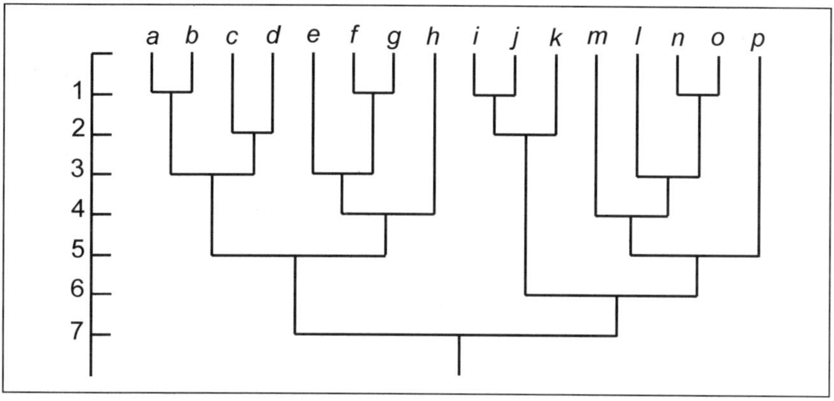

FIGURA 36: *Dendrograma para el Método del Centroide.*

5.5. INTERPRETACIÓN DE LOS RESULTADOS

Una vez que se ha llevado a cabo todo el proceso de la clasificación jerárquica, es decir, después de obtener los diferentes conglomerados que resultan para cada una de las etapas aglomerativas y representado el dendrograma correspondiente a dicha clasificación, es el momento de interpretar los resultados. Se trata de explicar el significado que acompaña a cada una de las etapas del dendrograma. A la hora de llevar a cabo esta explicación, el estadístico debe recurrir a un especialista en el campo del que proceden los individuos objeto del estudio. La razón es que el estadístico puede proporcionar los resultados de su análisis, es decir, mostrar los diferentes grupos o clasificaciones que ha obtenido a partir de su análisis, e incluso puede decantarse por cortar el dendrograma en determinada etapa que sea la que mejor clasifique a los individuos objeto del estudio; pero debe ser el especialista en el campo específico del trabajo que se lleva a cabo el que explique las razones de que se produzcan tales conglomerados.

El principal problema con el que se enfrenta el estadístico a la hora de interpretar los datos desde un punto de vista objetivo, es decir, considerando sólo los datos como números abstractos, es el de decidir cuál de todas las posibles etapas obtenidas en la clasificación jerárquica es la mejor o más conveniente. No olvidemos que lo que se ha obtenido es una clasificación jerárquica que va desde el extremo de considerar cada individuo como un grupo, al extremo contrario de considerar todos los individuos como un único grupo. Pero como se trata de determinar cuál es el número de grupos o conglomerados que subyace en la muestra que se está analizando, el estadístico debe dar una solución del siguiente tipo: «en la muestra objeto del estudio existen *tantos* grupos claramente diferenciados». A partir de este momento, su trabajo consiste en describir mediante parámetros estadísticos las características de cada uno de los grupos (medias, desviaciones, momentos, etc.), de modo que quien encargó el trabajo pueda interpretar, con el lenguaje propio de su campo, qué distingue un grupo de otro y porqué. También es posible analizar si existe alguna variable a la que se le pueda atribuir un mayor peso a la hora de establecer los conglomerados, es decir, si existe alguna variable que pueda ser, de alguna manera, la responsable de la clasificación obtenida.

Así pues, el problema con el que nos encontramos para interpretar los resultados obtenidos es el de determinar en primer lugar, en qué punto del dendrograma se debe cortar la clasificación; y en segundo lugar, cómo describir los grupos o las variables responsables de tales grupos.

5.5.1. *Número de conglomerados*

Con relación al primero de los problemas planteados, existen diferentes métodos para llevar a cabo el corte del dendrograma en determinada etapa y obtener, de esta manera, un adecuado número de grupos o conglomerados.

Uno de los métodos más sencillos para determinar el punto, la distancia o la etapa en la que cortar el dendrograma consiste en el criterio denominado *tamaño del paso* (*stepsize*, ver Milligan and Cooper, 1985). Este criterio consiste, en primer lugar, en representar en un diagrama de barras las diferentes distancias de los nodos del dendrograma determinados por los niveles jerárquicos (un *nodo* de un dendrograma es cada uno de los puntos en los que se unen las líneas verticales con las horizontales, y que definen dónde se forma un nuevo conglomerado como unión de conglomerados ya existentes en la etapa anterior). Una vez representados los nodos, se corta el dendrograma en el lugar que corresponde a la distancia mayor de dichos nodos. Este proceso se puede llevar a cabo de forma visual si la distancia entre dos etapas aglomerativas sucesivas es claramente mayor a las restantes. (En los diferentes ejemplos que hemos presentado anteriormente no se puede utilizar este criterio dado que hemos considerado que cada uno de los pasos era de valor «1», aunque las distancias euclídeas entre los individuos representados en el plano no lo fueran.) Como ejemplo de lo que acabamos de mencionar puede considerarse el dendrograma de la figura siguiente (figura 37), en el que resulta claro que la distancia entre las etapas aglomerativas cuarta y quinta (9,5 – 5 = 4) es mayor que las restantes, por lo que, según este criterio, el corte más conveniente del dendrograma sería entre las etapas cuarta y quinta. Hecho esto, el número de conglomerados que se obtendría sería de 5: {*a*, *b*, *c*, *d*}, {*e*, *f*, *g*, *h*}, {*i*, *j*, *k*}, {*l*, *m*, *n*, *o*} y {*p*}.

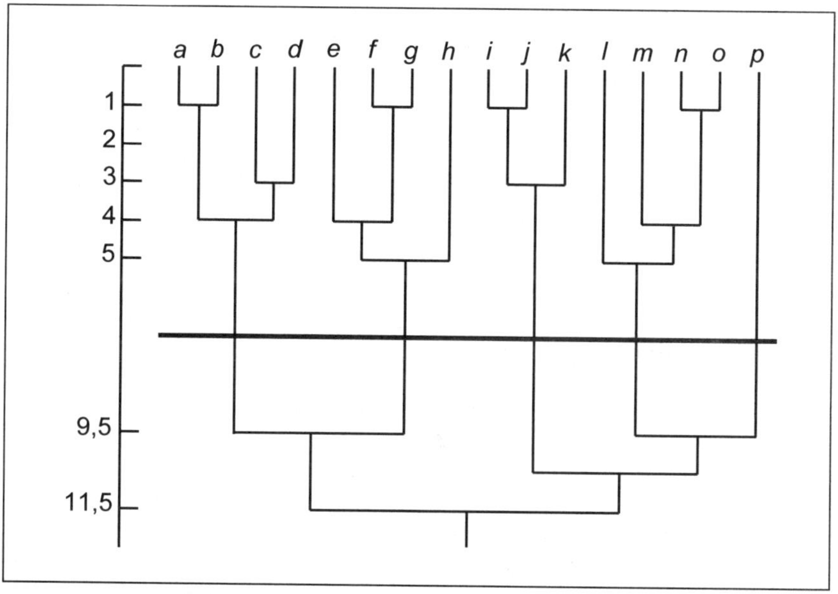

FIGURA 37: *Corte del dendrograma por el «tamaño del paso».*

Otro método utilizado para determinar dónde cortar el dendrograma consiste en hacer uso del llamado *índice C* (Milligan and Cooper, 1985), cuya expresión es la siguiente:

$$C_i = (d_w - Min(d_w)) \;/\; (Max(d_w) - Min(d_w)),$$

donde C_i se calcula para cada uno de los diferentes niveles jerárquicos y d_w es la suma de las distancias de cada individuo al centro del conglomerado al que pertenece. Una vez determinados todos los índices C_i, se considera que el menor valor alcanzado por dicho índice corresponde al número óptimo de conglomerados. La justificación de este valor se basa en que tiene en cuenta las distancias de cada individuo al centro del conglomerado al que pertenece.

Finalmente, señalaremos que en ocasiones se tiene en cuenta la *entropía* determinada por cada una de las particiones, de modo que es un índice que puede ayudar en la determinación del corte del dendrograma. Si se hace uso de este índice, se calculará la entropía subyacente a cada una de las particiones y se elegirá aquella que proporcione un valor más alto; dado que como es sabido, la entropía es una medida que indica la homogeneidad que subyace a un grupo de objetos. En este caso, la entropía, S, definida por g grupos o conglomerados en los que se divide una muestra se define por la siguiente expresión:

$$S = - \Sigma_{\,i = 1, \ldots, g} P_i \ln(P_i),$$

donde P_i representa la proporción de individuos de cada uno de los grupos, es decir, el número de individuos de cada conglomerado dividido por el tamaño de la muestra. Es sabido que la entropía alcanza su valor máximo cuando todos los grupos tienen la misma proporción de individuos, es decir, cuando P_i toma el valor $1/g$, en cuyo caso se tiene que:

$$S_{max} = - \Sigma_{\,i = 1, \ldots, g} (1/g) \ln(1/g) = \ln(g).$$

5.5.2. *Descripción de los conglomerados*

Una vez que se ha determinado dónde cortar el dendrograma y se han obtenido los conglomerados que existen en la muestra, se procede a describir cada uno de los grupos obtenidos. Un primer paso en esta descripción consiste en determinar los estadísticos univariantes asociados a cada una de las variables, de modo que se puede determinar cuál es el individuo «medio» de cada uno de los conglomerados obtenidos. Esto proporcionará una primera descripción de cada uno de los grupos. Después de este primer paso, se puede asociar a cada una de las variables que definen a cada uno de los individuos un valor o índice que permita, de alguna manera, determinar la influencia o el peso que dicha variable ha tenido en el proceso de la clasificación jerárquica. En ocasiones este índice resulta ser muy elevado para un grupo muy reducido de variables (una o dos) comparado con los valores de dicho índice para las restantes variables, con lo que se pondrá de manifiesto que tal o tales variables son las responsables finales de la clasificación obtenida.

El índice que suele utilizarse para ordenar el peso de cada variable en la construcción de la clasificación es el siguiente (Lebart et al., 1984):

$$I(x) = (X_j - X) \ / \ s_j(x), \quad s_j(x) = (n - n_j) \ s^2(x) \ / \ ((n-1) \ n_j),$$

de modo que el índice se calcula para cada variable x, siendo $s^2(x)$ su varianza, n el número total de individuos, X la media de la variable x, n_j el número de individuos del conglomerado j y X_j la media de la variable x en el conglomerado j. Según la expresión anterior, este índice compara la media de cada variable dentro de cada grupo con la media total de dicha variable.

5.6. Ejemplo aclaratorio

Después de todos los conceptos que hemos introducido hasta aquí, parece conveniente realizar un ejemplo que aclare las posibles dudas que puedan haber surgido o que no hayan quedado del todo aclaradas. Para ello, vamos a considerar un supuesto bastante sencillo, pero sacado de la vida real, que nos ayude a visualizar todo el proceso que se requiere para obtener una clasificación de una muestra de individuos. Debe quedar claro que el ejemplo que propondremos y resolveremos tiene fines didácticos, de modo que sólo consideraremos unos pocos individuos y unas pocas variables, de tal manera que el trabajo no resulte tedioso y sirva, sobre todo, para aclarar posibles puntos oscuros. Los cálculos los haremos «a mano», es decir, con la ayuda de una calculadora, pero sin recurrir a programas informáticos. Más adelante se presentarán otros ejemplos algo más complicados, para los que sí se utilizarán determinados programas informáticos.

El ejemplo que vamos a considerar, para llevar a cabo una aglomeración jerárquica de los individuos de la muestra, está formado por los datos que determinan varias marcas de cervezas. Así, para no realizar demasiados cálculos, vamos a utilizar sólo cuatro marcas de cervezas, cada una de las cuales está caracterizada por tres variables: Calorías, Alcohol y Precio (en euros). Partimos, por tanto del siguiente conjunto finito de individuos:

$$F = \{Budweiser,\ Heineken,\ Kronenbourg,\ Miller\ lite\}.$$

La matriz de datos es la de la tabla 2.

TABLA 2: *Matriz de datos*

Marca de cerveza	**Calorías**	**Alcohol**	**Precio (euros)**
Budweiser (*B*)	144	4,7	1,29
Heineken (*H*)	152	5,0	2,31
Kronenbourg (*K*)	170	5,2	2,19
Miller lite (*M*)	99	4,3	1,29

El primer paso para determinar la clasificación jerárquica consiste en determinar la matriz de disimilitudes entre los diferentes individuos. Si decidimos utilizar la distancia euclídea al cuadrado como medida de disimilitud, tendremos que determinar la distancia entre cada par de individuos, teniendo en cuenta que la distancia de un individuo a sí mismo es nula, es decir, la diagonal principal de la matriz de disimilitudes sólo tiene ceros; y que la distancia es simétrica, por lo que la matriz de disimilitudes será también simétrica. En este ejemplo, para simplificar las expresiones que siguen, cada una de las marcas de cerveza será nombrada por su inicial.

Las distancias euclídeas al cuadrado del primer individuo a cada uno de los restantes de la matriz de datos son las siguientes:

$$d(B, H) = (144 - 152)^2 + (4{,}7 - 5{,}0)^2 + (1{,}29 - 2{,}31)^2 = 64 + 0{,}09 + 1{,}0404 = 65{,}1304.$$

$$d(B, K) = (144 - 170)^2 + (4{,}7 - 5{,}2)^2 + (1{,}29 - 2{,}19)^2 = 676 + 0{,}25 + 0{,}81 = 677{,}06.$$

$$d(B, M) = (144 - 99)^2 + (4{,}7 - 4{,}3)^2 + (1{,}29 - 1{,}29)^2 = 2025 + 0{,}16 + 0 = 2025{,}16.$$

De forma análoga se determinarían las restantes distancias, obteniéndose la siguiente matriz de disimilitudes (ver tabla 3).

TABLA 3: *Matriz de disimilitudes*

	Budweiser	**Heineken**	**Kronenbourg**	**Miller lite**
Budweiser	0	65,130	677,060	2025,160
Heineken	65,130	0	324,054	2810,531
Kronenbourg	677,060	324,054	0	5042,620
Miller lite	2025,160	2810,531	5042,620	0

5.6.1. *Método del Mínimo*

Si como método de aglomeración utilizamos el método del mínimo, debemos localizar en la matriz de disimilitudes cuál es la distancia mínima y qué individuos relaciona. Observando la matriz anterior, se ve que la distancia menor (diferente de cero) es 65,130, que es la que separa a Budweiser de Heineken, es decir, el primer conglomerado está formado por estas dos cervezas, dado que son las más parecidas, mientras que los otros dos conglomerados están formados por las otras dos cervezas. Se tiene así la primera etapa de la jerarquía:

{*Budweiser, Heineken*}, {*Kronenbourg*}, {*Miller lite*}.

Siguiendo con el procedimiento que ya hemos visto sobre el método del mínimo, el siguiente conglomerado se forma sin más que buscar la siguiente menor distancia que aparece en la matriz de disimilitudes. Este valor es 324,054 y corresponde a la distancia que separa a las cervezas Heineken y Kronenbourg, por lo que la cerveza Kronenbourg se une con la Heineken, pero como la primera ya estaba unida con la cerveza Budweiser formando un conglomerado, resultará que se obtiene un conglomerado con las tres cervezas, mientras que el otro sigue estando formado por la cerveza que resta, es decir, en esta segunda etapa tendremos sólo los dos conglomerados siguientes:

{*Budweiser, Heineken, Kronenbourg*}, {*Miller lite*}.

Por último, la tercera etapa vendrá determinada por el siguiente menor valor de la distancia que relacione a la cerveza que forma el segundo conglomerado con alguna de las que forma el primero. Dicho valor es 2025,160. Debe notarse que el siguiente menor valor, en términos absolutos, de la matriz de disimilitudes es 677,060, que señala la distancia entre las cervezas Budweiser y Kronenbourg. Sin embargo, este valor no es útil en la clasificación jerárquica porque ambas cervezas ya pertenecen al mismo conglomerado, y por tanto, no ofrece información relevante. Así pues, en la última etapa se tendrá un único conglomerado que abarca a las cuatro cervezas consideradas:

{*Budweiser, Heineken, Kronenbourg, Miller lite*}.

Finalmente, la representación gráfica que corresponde a esta clasificación jerárquica, mediante el correspondiente dendrograma es la que aparece en la figura 38:

FIGURA 38: *Dendrograma para el Método del Mínimo.*

Como conclusión, según este método y con la distancia euclídea al cuadrado, se puede afirmar que las dos cervezas más parecidas son la Budweiser y la Heineken, siendo, con mucho, la menos parecida a las restantes la Miller lite.

5.6.2. *Método del Máximo*

Si repetimos el análisis que acabamos de hacer pero utilizando la misma distancia de disimilitud y un método diferente, por ejemplo el método del máximo, obtendremos la misma matriz de disimilitudes, dado que los datos de partida y la distancia son los mismos. En la primera etapa, con este método, se obtienen los mismos conglomerados, dado que se busca la menor de las distancias de la matriz de disimilitudes (65,130), es decir, la primera etapa proporciona los siguientes conglomerados:

{*Budweiser, Heineken*}, {*Kronenbourg*}, {*Miller lite*}.

Siguiendo con el método del máximo, en la segunda etapa se debe buscar la menor de las mayores distancias de cada uno de los individuos a cada uno de los restantes conglomerados. Según esto, las distancias de la cerveza Kronenbourg a los restantes conglomerados son las siguientes:

$$d(K, B) = 677{,}060; \quad d(K, H) = 324{,}054;$$
$$d(K, M) = 5042{,}620.$$

De donde resulta que la distancia, por el método del máximo, del segundo conglomerado, {*K*}, al primero, {*B*, *H*}, es 677,060 (la mayor entre 677,060 y 324,054); mientras que al tercero, {*M*}, es 5042,620. Por otra parte, las distancias de {*M*} a los otros dos conglomerados son:

$$d(M, B) = 2025{,}160; \quad d(M, H) = 2810{,}531;$$
$$d(K, M) = 5042{,}620.$$

Por lo que la distancia del tercer conglomerado al primero es 2810,531 (la mayor entre 2025,160 y 2810,531), y al segundo es 5042,620 (que ya vimos antes). Por tanto, como la menor de las distancias del tercer conglomerado al primero y al segundo (2810,531) es mayor que la menor de las distancias del segundo conglomerado a los otros dos (677,060), resulta que en la segunda etapa aglomerativa, la cerveza Kronenbourg se une al primer conglomerado con un valor en la distancia de 677,060:

{*Budweiser, Heineken, Kronenbourg*}, {*Miller lite*}.

Nótese que los conglomerados de esta segunda etapa son los mismos que los de la segunda etapa para el método del mínimo, sin embargo, la distancia que separa a los conglomerados no es la misma. Por último, el conglomerado formado por la cerveza Miller se une al otro conglomerado en la última etapa, siendo 5042,620 la distancia que los separa, dado que es la mayor de las tres distancias entre la cerveza Miller y las restantes.

El dendrograma que se obtiene para esta clasificación jerárquica (ver figura 39) es muy parecido al ya obtenido para el método del mínimo. De hecho la única diferencia son las distancias a las que aparecen los nodos (65,130; 677,060 y 5042,620 en lugar de 65,130; 324,054 y 2025,160):

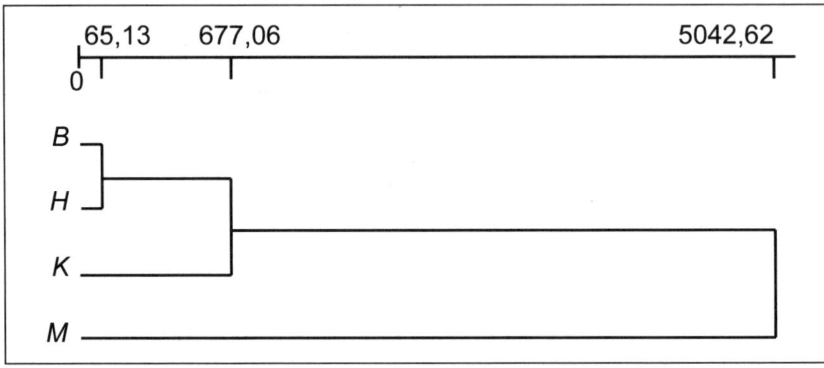

FIGURA 39: *Dendrograma para el Método del Máximo.*

5.6.3. *Método de la Mediana*

Si utilizamos el método de la mediana, también con la distancia euclídea al cuadrado, la matriz de disimilitudes volverá a ser la misma que la presentada para el método del mínimo. Por este motivo, el coeficiente que corresponde a la primera etapa aglomerativa seguirá siendo 65,130 y será el que permite unir a la cerveza Budweiser con la Heineken, formándose los siguientes tres conglomerados:

{*Budweiser, Heineken*}, {*Kronenbourg*}, {*Miller lite*}.

En la segunda etapa se ha de proceder de forma diferente a como se hizo con los dos métodos anteriores, dado que para este método se deben calcular las nuevas distancias entre los conglomerados que existen. Debe recordarse que en el método de la mediana, la distancia ultramétrica en cada nueva etapa se calcula por la siguiente fórmula:

$$d'(h_k, h_i \cup h_j) = (1/2)\ d(h_i, h_k) + (1/2)\ d(h_j, h_k) - (1/4)\ d(h_i, h_j).$$

Así pues, las nuevas distancias entre los conglomerados existentes son las siguientes:

$$d(K, \{B, H\}) = d(K, B)/2 + d(K, H)/2 - d(B, H)/4 =$$
$$= 677{,}060/2 + 324{,}054/2 - 65{,}130/4 = 484{,}2745;$$
$$d(M, \{B, H\}) = d(M, B)/2 + d(M, H)/2 - d(B, H)/4 =$$
$$= 2025{,}160/2 + 2810{,}531/2 - 65{,}130/4 = 2401{,}563;$$
$$d(K, M) = 5042{,}620.$$

Según estas nuevas distancias, el coeficiente para la segunda etapa con este método es el menor de los mostrados anteriormente (484,2745, 2401,563 y 5042,620), es decir, 484,2745; y proporciona los dos conglomerados siguientes

{*Budweiser, Heineken, Kronenbourg*}, {*Miller lite*}.

Finalmente, la distancia entre los dos conglomerados que quedan se determina de forma similar, es decir, el valor del coeficiente que corresponde a la etapa tercera es:

$$d(M, \{\{B, H\}, K\}) = d(M, \{B, H\})/2 + d(M, K)/2 - d(\{B, H\}, K)/4 =$$
$$= 2401{,}563/2 + 5042{,}620/2 - 484{,}2745/4 = 3601{,}022875.$$

En esta última etapa aparece un único conglomerado que está formado por los cuatro individuos de la muestra. El dendrograma correspondiente a esta clasificación jerárquica vuelve a ser muy similar a los de los dos métodos anteriores. En este caso, las distancias a las que aparecen los nodos son: 65,130; 484,275 y 3601,023. El dendrograma que corresponde a esta clasificación aparece en la figura 40.

FIGURA 40: *Dendrograma para el Método de la Mediana.*

5.6.4. *Método del Centroide*

Por último, si utilizamos el método del centroide para el mismo conjunto de datos y volvemos a utilizar la distancia euclídea al cuadrado, procederemos de forma parecida a como hemos hecho en los casos anteriores. Para la primera etapa aglomerativa utilizamos la matriz de disimilitudes original y obtenemos la misma clasificación y con el mismo coeficiente, es decir, el coeficiente es 65,130 y los conglomerados son:

{*Budweiser, Heineken*}, {*Kronenbourg*}, {*Miller lite*}.

Para la segunda etapa hemos de volver a calcular las distancias entre los conglomerados formados en la etapa anterior, tal y como hicimos en el método de la mediana. Ahora bien, para este método, las nuevas distancias de cada etapa, tal y como se comentó en su momento, se definen de la siguiente manera:

$$d'(h_k, h_i \cup h_j) = (n_i / (n_i + n_j))\ d(h_i, h_k) + (n_j / (n_i + n_j))\ d(h_j, h_k) - (n_i\, n_j / (n_i + n_j)^2)\ d(h_i, h_j).$$

En el caso que nos ocupa, el primer conglomerado tiene dos individuos, {*B, H*}, y los otros dos, el segundo, {*K*}, y el tercero, {*M*}, tienen uno cada uno, por lo que $n_1 = 2$ y $n_2 = n_3 = 1$. Por tanto, las distancias entre los conglomerados existentes son:

$$d(K, \{B, H\}) = (1/2)\ d(K, B) + (1/2)\ d(K, H) - (1/2^2)\ d(B, H) =$$
$$= 677{,}060/2 + 324{,}054/2 - 65{,}130/4 = 484{,}2745;$$
$$d(M, \{B, H\}) = d(M, B)/2 + d(M, H)/2 - d(B, H)/4 =$$
$$= 2025{,}160/2 + 2810{,}531/2 - 65{,}130/4 = 2401{,}563;$$
$$d(K, M) = 5042{,}620.$$

Así pues, el coeficiente para esta segunda etapa es el mismo que para el de la misma etapa con el método anterior, es decir, 484,2745 (por ser el menor entre 484,2745; 2401,563 y 5042,620), lo que proporciona los dos mismos conglomerados:

{*Budweiser, Heineken, Kronenbourg*}, {*Miller lite*}.

Para la tercera etapa hemos de volver a calcular la distancia entre los dos conglomerados que existen. Aquí el valor que obtengamos será diferente del que obtuvimos para la tercera etapa del método anterior, dado que ahora se tiene en cuenta el número de individuos que hay en cada uno de los conglomerados. Por tanto, volviendo a utilizar la fórmula anterior, se tiene que

$$d(M, \{\{B, H\}, K\}) = (2/3)\ d(M, \{B, H\}) + (1/3)\ d(M, K) -$$
$$(2/3^2)\ d(\{B, H\}, K) = 2 \cdot 2401{,}563/3 + 5042{,}620/3 - 2 \cdot 484{,}2745/9 =$$
$$= 3174{,}298778$$

Por tanto, el coeficiente de la tercera etapa, que da lugar a un único conglomerado, es 3174,299. El dendrograma correspondiente a esta clasificación jerárquica vuelve a ser muy similar a los anteriores y aparece representado en la figura 41.

FIGURA 41: *Dendrograma para el Método del Centroide.*

6
SALIDAS DEL SPSS/PC PARA EL ANÁLISIS DE CONGLOMERADOS

Como ya hemos comentado anteriormente, y después de hacer los cálculos «a mano» en un pequeño ejemplo en la sección anterior, vamos a presentar cómo se puede llevar a cabo todo el proceso de un Análisis de Conglomerados, pero ahora haciendo uso de un paquete estadístico. Para ello vamos a utilizar uno de los paquetes estadísticos más extendidos del mercado: el SPSS/PC (cuyas iniciales corresponden a Statistical Package for Social Sciences/PC, es decir, Paquete Estadístico para las Ciencias Sociales para ordenadores tipo PC) (ver Norusis 1985a y 1985b; SPSS 1985; Frude, 1987; Quiroz y Fournier, 1987; Etxeberría *et al.*, 1990; Martín Martín *et al.*, 1999).

Antes de resolver un ejemplo con este paquete estadístico, vamos a presentar sus principales características.

6.1. El paquete estadístico SPSS/PC

Como primer dato, hemos de indicar que aquí vamos a trabajar con la versión 9.0 de este programa, traducida al castellano, para el entorno Windows (lo cual no significa que si se tiene acceso a otra versión no se puedan llevar a cabo las mismas operaciones). Si se dispone de otra versión de este programa, los pasos a realizar para llevar a cabo las acciones que aquí ejecutaremos serán, aproximadamente, los mismos. Algo parecido cabe decir de las salidas de los resultados que se obtengan. Puede que haya algún resultado que no aparezca o que se presente de forma algo diferente, pero estas diferencias serán mínimas (tanto menores cuanto más cercana esté la versión que se utilice a la 9.0 que usaremos aquí).

El SPSS/PC es un programa informático que permite resolver multitud de situaciones que requieren de análisis estadísticos. El programa se compone de un módulo principal (llamado Base) y de otros módulos que llevan a cabo diferentes tareas estadísticas. Cada uno de estos módulos pueden adquirirse por separado, de modo que sólo es necesario disponer del módulo que lleve a cabo las tareas que se vayan a utilizar. Estos módulos son los siguientes:

1. *Base* (Base). Es el núcleo fundamental del paquete y es indispensable para que el resto de los módulos puedan ser ejecutados. En este módulo están los comandos básicos para el manejo de datos y de ficheros, así como la posibilidad de calcular algunos estadísticos elementales.
2. *Statistics* (Estadística). Este segundo módulo implementa las funciones estadísticas más habituales, como los test de hipótesis, el estudio de la correlación y la regresión, el análisis de la varianza, etc.
3. *Advanced* (Avanzado). El módulo avanzado permite llevar a cabo cómputos estadísticos algo más complejos, como el análisis de tablas de contingencia, el análisis múltiple de la varianza, el análisis discriminante, el análisis de factores, el análisis de conglomerados, etc. Este módulo, así como los dos anteriores, son fundamentales para el trabajo que vamos a desarrollar en lo que sigue.
4. *Tables* (Tablas). El módulo de Tablas tiene como objetivo conseguir que los resultados se presenten mediante el uso de tablas de calidad.
5. *Graphics* (Gráficos). El módulo dedicado a los gráficos incorpora una versión del popular paquete gráfico Harvard Graphics, que está adaptada a la forma de trabajo del SPSS/PC. Así, mediante determinados comandos u opciones de menú, es posible obtener representaciones gráficas de gran calidad. Este módulo no es necesario para las representaciones que se obtienen en el análisis de conglomerados, puesto que los dendrogramas son elaborados directamente por el módulo Advanced.
6. *Trends* (Tendencias). Este módulo está orientado al trabajo con series temporales.
7. *Categories* (Categorías). En este módulo se incluyen procedimientos para el trabajo con análisis de correspondencias, etc.
8. *Data entry II* (Entrada de datos II). Con este módulo es posible trabajar con los datos a modo de Hoja de cálculo, lo que facilita mucho el trabajo de análisis.

9. *Map* (Mapa). Los mapas regionales pueden ser representados utilizando este módulo. En el mercado existen versiones de este módulo adaptadas a diferentes necesidades: España, Europa, etc.

Dado que el objetivo de esta sección es el de presentar cómo se trabaja con el programa SPSS/PC para la obtención de resultados mediante Análisis de Conglomerados, no nos detendremos en explicar las diferentes posibilidades y opciones, de carácter general, que ofrece este programa (para ello ya existen en el mercado excelentes manuales, como el de Martín Martín *et al.*, 1999, por ejemplo) sino que tan sólo señalaremos los pasos que son imprescindibles para obtener clasificaciones jerárquicas, de modo que sin apenas tener conocimientos de cómo manejar el paquete SPSS/PC, sea posible llevar a cabo un Análisis de Conglomerados sobre una matriz de datos.

Para seguir con detalle cómo efectuar un Análisis de Conglomerados con el paquete SPSS/PC, vamos a resolver un ejemplo concreto, que será una extensión del que hemos resuelto a mano en la sección anterior, es decir, vamos a considerar una serie de cervezas, cada una de las cuales estará caracterizada por una serie de valores, y vamos a obtener una clasificación jerárquica de las mismas. A lo largo del ejemplo, utilizaremos diferentes distancias y diferentes métodos para apreciar las diferencias que puedan surgir en las clasificaciones obtenidas.

6.2. Matriz de datos: diferentes tipos de cervezas

Al igual que en el ejemplo que hemos resuelto en la sección anterior, vamos a considerar un grupo de cervezas y vamos a estudiar cómo llevar a cabo una clasificación de las mismas en función de diversas características: calorías, gradación, precio, etc. En este caso, vamos a considerar una variable más, de modo que el estudio sea más completo y el número de cervezas diferentes que vamos a estudiar será de 20. El volumen de los datos (número de variables y número de individuos) no es tan pequeño como para realizar las operaciones a mano, ni tampoco tan grande como para que nos perdamos a la vista de los resultados que iremos obteniendo.

El primer paso a realizar para llevar a cabo el Análisis de Conglomerados es el de elaborar la matriz de datos e introducirla en el programa. El procedimiento para ejecutar esta acción es sencillo: basta con acceder al programa, colocar el cursor en cada una de las celdillas e ir rellenado cada una de ellas con el dato que corresponda (una celdilla es cada uno de los rectángulos en que aparece dividida la pantalla, que son las intersecciones de las filas y columnas, y que están referenciadas por un número –fila– y una columna). En nuestro caso, la matriz de datos contiene en la primera columna los nombres identificativos de cada una de las cervezas, mientras que las restantes columnas contienen las variables que vamos a considerar. Estas variables son las siguientes (entre paréntesis se incluye el nombre abreviado que se dará a cada una de las variables): Número de calorías (calorías), Cantidad de Sodio (sodio), Gradación (alcohol) y Coste en euros (precio). Una vez rellenadas las celdillas, se obtendrá la matriz de datos de la tabla 4.

TABLA 4: *Matriz de datos*

	cerveza (Marca de cerveza)	**calorías** (Número de calorías)	**sodio** (Cantidad de sodio)	**alcohol** (Gradación)	**precio** (Coste en euros)
1	**Augsberger**	175	24	5,5	1,20
2	**Becks**	150	19	4,7	2,28
3	**Budweiser**	144	15	4,7	1,29
4	**Budweiser light**	113	8	3,7	1,32
5	**Coors**	140	18	4,6	1,32
6	**Coors light**	102	15	4,1	1,38
7	**Hamms**	136	19	4,4	1,29
8	**Heilemans old**	144	24	4,9	1,29
9	**Heineken**	152	11	5,0	2,31
10	**Kirin**	149	6	5,0	2,27
11	**Kronenbourg**	170	7	5,2	2,19
12	**Michelob light**	135	11	4,2	1,50
13	**Miller lite**	99	10	4,3	1,29
14	**Lowenbrau**	157	15	4,9	1,44
15	**Old Milwaukee**	145	23	4,6	0,84
16	**Olympia gold**	72	6	2,9	1,38
17	**Pabst extra**	68	15	2,3	1,14
18	**Schlitz**	151	19	4,9	1,29
19	**Schlitz light**	97	7	4,2	1,41
20	**Strohs Bohemian**	149	27	4,7	1,26

Para obtener en el programa SPSS/PC una presentación parecida a la que aparece en la anterior matriz de datos, es posible modificar los nombres que el propio programa asigna por defecto a cada una de las variables (var). Para cambiar estos nombres por otros que tengan sentido y que nos permitan tener una idea de los datos que se están manejando en cada momento, basta con hacer un doble «clic», con el ratón, sobre cualquier de ellos, para tener acceso a diferentes opciones que permiten cambiar las características que corresponden a la variable a la que se ha accedido. Por ejemplo, si se hace «2-clic» sobre un botón cualquiera que contenga a la variable «var» de una cualquiera de las columnas, aparece una ventana con varias opciones. La descripción de cada una de estas opciones es la siguiente:

En primer lugar aparece un recuadro con el Nombre de variable: VAR0001. Este nombre se puede modificar sin más que escribir sobre él (o borrarlo y escribir uno nuevo). A continuación aparecen los valores que, también por defecto, asigna el programa a cada variable (Descripción de la variable). Estos valores son: Tipo: Numérico 8.2; Etiqueta: (vacío); Valores perdidos: Ninguno; y Alineación: Derecha. Los valores anteriores pueden ser modificados sin más que pulsar sobre cada uno de los botones que se presentan más abajo. Por último, aparece la forma de medir la variable (Medida): Escala, Ordinal, Nominal.

Para cambiar las especificaciones de cada variable basta con pulsar sobre el botón correspondiente. Las posibilidades de cada uno de los botones es descrita de forma somera a continuación.

> *Tipo...:* permite determinar el tipo de variable (Numérico, Fecha, Cadena, etc.), así como su anchura (Ancho) y el número de dígitos decimales que tendrá (Decimales).
>
> *Valores perdidos...:* este botón posibilita decidir qué valores se van a considerar perdidos (missing) dentro de la matriz de datos. Así, es posible considerar Sin valores perdidos, o bien decidir qué Valores perdidos discretos se tendrán en cuenta como tales, el Rango de valores perdidos o bien el Rango más un valor perdido discreto.
>
> *Etiquetas...:* tiene la posibilidad de etiquetar las variables, de modo que el nombre de la misma sea más extenso y permita describirla mejor (Etiqueta de variable). También cabe la posibilidad de etiquetar determinados valores de la

misma (Etiquetas de valor). Por ejemplo, el nombre de una variable podría ser «hábito», de modo que la etiqueta reflejara que se trata, en realidad, del «Hábito de fumar en hombres». Dado que esta variable podría tener dos valores: «F» y «NF»; para el primero de ellos se consideraría como Etiqueta de valor «Fumador» y para el segundo «No fumador».

Formato de columna...: esta opción permite decidir cuál será el Ancho de columna, así como cuál será la Alineación del texto (Izquierda, Centro, Derecha).

La matriz de datos sobre la que vamos a trabajar está caracterizada por los datos para cada una de las variables que aparecen en la tabla 5.

TABLA 5. *Matriz de las variables*

Variable	Tipo	Valores perdidos	Etiquetas	Formato
cerveza	Cadena (15)		Marca de cerveza	Izquierda (15)
calorías	Numérico (3,0)	Sin valores perdidos	Número de calorías	Derecha (6)
sodio	Numérico (2,0)	Sin valores perdidos	Cantidad de sodio	Derecha (5)
alcohol	Numérico (3,1)	Sin valores perdidos	Gradación	Derecha (7)
precio	Numérico (4,2)	Sin valores perdidos	Coste en euros	Derecha (5)

Una vez que se ha elaborado la matriz de datos, tendremos en cuenta cómo se llevan a cabo las clasificaciones jerárquicas con el SPSS/PC para proceder a realizar la clasificación de los individuos que forman la matriz de datos anterior. El algoritmo que utiliza el programa SPSS/PC para llevar a cabo una clasificación jerárquica se traduce en los siguientes pasos:

1) Cálculo de la matriz de disimilitudes según el tipo de distancia o coeficiente seleccionado; el tamaño de dicha matriz es $n \times n$, siendo n el número de individuos.
2) Elección de los individuos cuyo coeficiente de la matriz sea el más pequeño (individuos más similares).
3) Identificación de los individuos seleccionados como miem-

bros de una misma clase, en función del método de cluster elegido.

4) Repetición de los pasos 2) y 3) las veces necesarias hasta agotar la matriz de disimilitudes, seleccionando en el paso 3), mientras sea posible, individuos que aún no hayan sido clasificados.

6.3. Clasificación jerárquica de cervezas

El procedimiento para llevar a cabo una clasificación jerárquica de forma efectiva con el programa SPSS/PC es el siguiente.

En primer lugar se debe indicar al programa qué tipo de operación o cálculo estadístico es el que se desea llevar a cabo. Así, en nuestro caso, elegiremos la opción Analizar (puesto que deseamos analizar nuestra matriz de datos) que aparece en la barra de menús (el acceso a cualquiera de las opciones de esta barra, o de cualquiera de los menús que aparecerán más adelante, se puede llevar a cabo bien haciendo «clic» con el ratón sobre la opción correspondiente, bien presionando de forma simultánea sobre la tecla «ALT» y la tecla que corresponde a la letra subrayada que hace referencia a la opción que se desea ejecutar). Al hacer esto aparece un menú desplegable con varias posibilidades. De entre todas ellas, se elige la correspondiente a Clasificar (que es lo que deseamos hacer; las restantes posibilidades corresponden a otras tantas posibles acciones). Después de elegir esta opción, se selecciona la correspondiente a Conglomerados jerárquicos... (dado que deseamos obtener una clasificación jerárquica de los individuos que definen la matriz de datos de que disponemos). (Obérvese que si una opción o botón finaliza con puntos suspensivos: ..., significa que al elegir esa opción o botón aparecerá una ventana en la que se solicitarán diferentes datos.)

A partir de este momento es cuando deberemos seleccionar algunas opciones dentro de las que nos ofrece este programa, es decir, es el momento de seleccionar las variables que queremos utilizar, cómo queremos que se etiqueten los casos, qué tipo de distancia vamos a utilizar y con qué método, qué resultados queremos visualizar, etc. Para llevar a cabo cada una de estas posibles elecciones, deberemos elegir, mediante un «clic», cada uno de los botones que aparecen en la ventana que se encuentra abierta y dentro de la nueva ventana que se abrirá, seleccionar lo que deseemos dentro de las opciones que nos permita el programa.

En primer lugar, se deben elegir algunas opciones de las que aparecen en la ventana a la que se acaba de acceder. Así, en Variables: se colocarán todas las variables que se deseen utilizar para el estudio, que en nuestro caso serán todas las variables a excepción de la primera, que es la que identifica a las cervezas. Para elegir cada una de las variables, basta con pulsar sobre ella con el ratón y, una vez seleccionada, hacer «clic» sobre la flecha que indica que la variable elegida se dirigirá hacia el recuadro de las Variables:. Posteriormente se debe elegir qué variable se va a utilizar para nombrar cada uno de los casos. Para ello se coloca en Etiquetar casos mediante: la variable que se desee, en este caso seleccionaremos la variable que contiene el nombre de la cerveza (cerveza). A continuación se debe decidir qué técnica se va a utilizar para el Análisis de Conglomerados, es decir, si se van a determinar grupos de casos para todas las variables o grupos de variables para todos los casos. En nuestro ejemplo vamos a elegir Casos en la opción Conglomerar. Finalmente, en la opción Mostrar se elegirán aquellas opciones que correspondan a lo que se desee visualizar. En nuestro ejemplo marcaremos las dos opciones: Estadísticos y Gráficos.

Si se pulsa sobre el botón Estadísticos... se pueden elegir determinados resultados para que aparezcan en la salida. Así, se puede seleccionar el Historial de conglomeración, la Matriz de distancias, y el Conglomerado de pertenencia. En este caso se puede optar por no guardar Ninguno de los posibles conglomerados, permitir que el programa proporcione una Solución única, o que se establezca un posible Rango de soluciones, donde se marcarán Desde tantos hasta tantos grupos (en nuestro estudio elegiremos las dos primeras opciones y marcaremos Rango de pertenencia en Conglomerado de pertenencia, seleccionaremos entonces Desde 3 hasta 10 grupos). Después de elegir las opciones que se consideren pertinentes de las que aparecen en esta ventana, se pulsa sobre el botón Continuar para volver a la ventana anterior.

El botón denominado Gráficos... conduce a una ventana en la que se puede elegir el tipo de gráfico que se desea visualizar para la clasificación jerárquica que se obtenga. Lo normal es elegir el Dendrograma (cosa que haremos en nuestro ejemplo). Los gráficos de Témpanos son más difíciles de interpretar y apenas si aportan información nueva (en nuestro ejemplo elegiremos Ninguno en esta opción). De nuevo, se pulsa sobre Continuar para volver a la ventana anterior.

Haciendo «clic» sobre el botón Método... se seleccionan opciones fundamentales para el proceso jerárquico, como el método, la distancia, etc. Así, en el Método de conglomeración: se puede seleccionar cualquiera de los métodos que aparecen cuando se hace «clic» sobre la flecha que aparece a la izquierda de la ventana correspondiente (para el ejemplo que estamos siguiendo seleccionaremos el del Vecino más lejano, es decir, el que corresponde al método del máximo). En el cuadro de Medida se puede elegir la medida de disimilitud que se va a emplear. En el ejemplo que estamos tratando seleccionaremos dentro del cuadro correspondiente a Intervalo: la Distancia euclídea al cuadrado. Dentro de esta ventana se pueden llevar a cabo otro tipo de acciones, como elegir que las variables sean transformadas de diferentes maneras. Se sale de esta ventana pulsando en Continuar.

El botón Guardar... permite dedicir si se desea almacenar en el mismo fichero en el que se está trabajando una nueva, o nuevas variables que contengan el conglomerado (Solución única) o conglomerados (Rango de soluciones) al que pertenecen los diferentes individuos (en nuestro caso optaremos por no guardar esta información seleccionando Ninguno). Al igual que con los botones anteriores, se sale de esta ventana haciendo «clic» sobre Continuar.

Una vez elegidas las opciones señaladas anteriormente y después volver a la ventana original, se pulsa sobre el botón Aceptar para obtener los resultados que corresponden a las solicitudes hechas.

Después de pulsar sobre este botón, el programa SPSS/PC lleva a cabo los cómputos necesarios y muestra, en una nueva ventana, los resultados obtenidos. Estos resultados se pueden almacenar en un fichero para ser consultados o utilizados con posterioridad.

Vamos a ver, a continuación, los diferentes resultados que se obtienen para diferentes peticiones, de modo que podamos apreciar cómo el programa responde de diferente manera, según qué se le pida que ejecute. En primer lugar presentaremos los resultados que se obtienen con las opciones que se han ido señalando anteriormente y luego señalaremos qué otras salidas se podrían haber obtenido caso de haber elegido opciones diferentes.

6.3.1. *Casos procesados*

En primer lugar, se obtiene una información acerca de los casos que han sido analizados o procesados. Esta información será la misma siempre que se utilice el mismo fichero y no se modifique la estructura de la matriz de datos (ver tabla 6).

TABLA 6: *Resumen del procesamiento de los casos*

Casos					
Válidos		Perdidos		Total	
N	Porcentaje	N	Porcentaje	N	Porcentaje
20	100,0	0	,0	20	100,0

Como se puede ver en el ejemplo que nos ocupa, el número de casos válidos es 20, lo que equivale al 100% de los casos. Por otra parte, no hay casos perdidos y el total de los casos procesados vuelve a señalar que se han analizado todos los casos de los que disponemos en la matriz de datos.

6.3.2. *Matrices de disimilitudes*

A continuación, el programa que utilizamos presenta la matriz de disimilitudes o de distancias. Esta matriz es la misma para cualquiera de los métodos de conglomeración que se utilice, tal y como ya comentamos cuando abordamos esta parte teórica. La matriz que se presenta sólo depende de la distancia elegida. Recordemos que lo que hace diferente a cada uno de los métodos es el proceso que se sigue para unir los individuos.

La matriz de disimilitudes que aparece en la tabla 7 es la matriz determinada por las distancias euclídeas al cuadrado de los individuos.

TABLA 7: *Distancia euclídea al cuadrado*

Caso	1: Augsberger	2: Becks	3: Budweiser	4: Budweiser light	5: Coors	6: Coors light	7: Hamms	8: Heilemans old	9: Heineken	10: Kirin
1:Augsberger		651,806	1042,648	4103,254	1261,824	5411,992	1547,218	961,368	699,482	1001,395
2:Becks	651,806		52,98	1491,922	101,932	2321,17	197,07	62,02	68,091	170,09
3:Budweiser	1042,648	52,98		1011,001	25,011	1764,368	80,09	81,04	81,13	107,05
4:Budweiser light	4103,254	1491,922	1011,001		829,81	170,164	650,491	1218,441	1532,67	1302,593
5:Coors	1261,824	101,932	25,011	829,81		1453,254	17,041	52,091	194,14	226,063
6:Coors light	5411,992	2321,17	1764,368	170,164	1453,254		1172,098	1845,648	2517,675	2291,602
7:Hamms	1547,218	197,07	80,09	650,491	17,041	1172,098		89,25	321,4	339,32
8:Heilemans old	961,368	62,02	81,04	1218,441	52,091	1845,648	89,25		234,05	349,97
9:Heineken	699,482	68,091	81,13	1532,67	194,14	2517,675	321,4	234,05		34,002
10:Kirin	1001,395	170,09	107,05	1302,593	226,063	2291,602	339,32	349,97	34,002	
11:Kronen-bourg	315,07	544,258	741,06	3253,007	1022,117	4689,866	1301,45	965,9	340,054	442,046
12:Michelob light	1770,78	289,858	97,294	493,282	74,192	1105,024	65,084	250,534	290,296	222,233
13:Miller lite	5973,448	2683,14	2050,16	200,361	1745,091	34,048	1450,01	2221,36	2811,531	2517,45
14:Lowen-brau	405,418	65,746	169,063	1986,454	298,104	3025,644	457,272	250,023	41,767	145,699
15:Old Milwaukee	901,94	43,084	65,213	1250,04	50,23	1913,542	97,243	2,293	195,321	307,205
16:Olympia gold	10939,792	6257,05	5268,248	1685,644	4770,894	982,44	4267,258	5512,008	6430,275	5934,202
17:Pabst extra	11540,243	6747,06	5781,783	2075,992	5198,322	1159,298	4644,433	5863,783	7080,659	6650,567
18:Schlitz	601,368	2,02	65,04	1566,441	122,091	2417,648	225,25	74	66,05	173,97
19:Schlitz light	6374,734	2954,007	2273,264	257,258	1970,168	89,011	1665,054	2498,504	3042,45	2706,38
20:Strohs Bohemian	685,644	66,04	169,001	1658,004	162,014	2353,375	233,091	34,041	266,193	442,11

TABLA 7: *Distancia euclídea al cuadrado (cont.)*

Caso	11: Kronen-bourg	12: Michelob light	13: Miller lite	14: Lowen-brau	15: Old Milwaukee	16: Olympia gold	17: Pabst extra	18: Schlitz	19: Schlitz light	20: Strohs Bohemian
1:Augsberger	315,07	1770,78	5973,448	405,418	901,94	10939,792	11540,243	601,368	6374,734	685,644
2:Becks	544,258	289,858	2683,14	65,746	43,084	6257,05	6747,06	2,02	2954,007	66,04
3:Budweiser	741,06	97,294	2050,16	169,063	65,213	5268,248	5781,783	65,04	2273,264	169,001
4:Budweiser light	3253,007	493,282	200,361	1986,454	1250,04	1685,644	2075,992	1566,441	257,258	1658,004
5:Coors	1022,117	74,192	1745,091	298,104	50,23	4770,894	5198,322	122,091	1970,168	162,014
6:Coors light	4689,866	1105,024	34,048	3025,644	1913,542	982,44	1159,298	2417,648	89,011	2353,375
7:Hamms	1301,45	65,084	1450,01	457,272	97,243	4267,258	4644,433	225,25	1665,054	233,091
8:Heilemans old	965,9	250,534	2221,36	250,023	2,293	5512,008	5863,783	74	2498,504	34,041
9:Heineken	340,054	290,296	2811,531	41,767	195,321	6430,275	7080,659	66,05	3042,45	266,193
10:Kirin	442,046	222,233	2517,45	145,699	307,205	5934,202	6650,567	173,97	2706,38	442,11
11:Kronen-bourg		1242,476	5051,62	233,652	883,182	9610,946	10477,513	505,9	5330,608	842,115
12:Michelob light	1242,476		1297,054	500,494	244,596	3995,704	4508,74	320,534	1460,008	452,308
13:Miller lite	5051,62	1297,054		3389,383	2285,292	746,968	990,023	2785,36	13,024	2789,161
14:Lowen-brau	233,652	500,494	3389,383		208,45	7310,003	7927,85	52,022	3664,491	208,072
15:Old Milwaukee	883,182	244,596	2285,292	208,45		5621,182	5998,38	52,292	2560,485	32,186
16:Olympia gold	9610,946	3995,704	746,968	7310,003	5621,182		97,418	6414,008	627,691	6373,254
17:Pabst extra	10477,513	4508,74	990,023	7927,85	5998,38	97,418		6911,783	908,683	6710,774
18:Schlitz	505,9	320,534	2785,36	52,022	52,292	6414,008	6911,783		3060,504	68,041
19:Schlitz light	5330,608	1460,008	13,024	3664,491	2560,485	627,691	908,683	3060,504		3104,272
20:Strohs Bohemian	842,115	452,308	2789,161	208,072	32,186	6373,254	6710,774	68,041	3104,272	

Dado que la distancia que se ha considerado en este análisis es la distancia euclídea al cuadrado, la matriz de distancias que se presenta no es sino la matriz simétrica que indica la distancia que separa a cada par de individuos de la muestra. Los valores de la diagonal de esta matriz no están impresos porque son todos 0.

Si se eligiera otra forma de medir las distancias entre las cervezas, la matriz de disimilitudes sería distinta. A modo de ejemplo, podemos ver cómo sería la matriz de distancias si se hubiera elegido la distancia de Chebychev (tabla 8).

Se puede observar que esta matriz sigue dejando en blanco los elementos de la diagonal porque siguen siendo ceros (no importa cuál sea la distancia elegida: la distancia de un individuo a sí mismo es nula). Además, puede observarse que las distancias determinadas ahora son muy diferentes de las calculadas en el caso anterior. Por ejemplo, basta con ver que la distancia de la cerveza *Pabst extra* (17) a la cerveza *Kirin* (10) es 81; mientras que con la distancia euclídea al cuadrado, esta distancia era 6650,567.

6.3.3. *Historial de aglomeraciones*

Después de observar cualquiera de las matrices de distancias anteriores, es el momento de obtener el proceso aglomerativo, es decir, determinar cómo se van agrupando los individuos para dar lugar a los diferentes conglomerados. Este resultado lo proporciona la salida del programa SPSS/PC llamada «Historial de conglomeración».

Delante de este historial aparece la indicación del método aglomerativo que se está utilizando y una tabla que caracteriza el proceso aglomerativo seguido. La interpretación de dicha tabla es la siguiente:

a) *Etapa*: es la primera columna e indica la etapa en la que se encuentra el proceso aglomerativo, es decir, el número de conglomerados que se han formado hasta ese momento. Se puede observar en la tabla 9 que los valores de las diferentes etapas van desde el 1 hasta el 19.

b) *Conglomerado que se combina*: son las dos columnas siguientes e indican los dos conglomerados o individuos que están siendo unidos en esta etapa para formar un nuevo conglomerado.

c) *Coeficiente*: es el valor del coeficiente de disimilitud que determinan los dos individuos que se unen y aparece en la colum-

TABLA 8. *Distancia de Chebychev*

Caso	1:Augsberger	2:Becks	3:Budweiser	4:Budweiser light	5:Coors	6:Coors light	7:Hamms	8:Heilemans old	9:Heineken	10:Kirin	11:Kronenbourg	12:Michelob light	13:Miller lite	14:Lowenbrau	15:Old Milwaukee	16:Olympia gold	17:Pabst extra	18:Schlitz	19:Schlitz light	20:Strohs Bohemian
1		25	31	62	35	73	39	31	23	26	17	40	76	18	30	103	107	24	78	26
2	25		6	37	10	48	14	6	8	13	20	15	51	7	5	78	82	1	53	8
3	31	6		31	4	42	8	9	8	9	26	9	45	13	8	72	76	7	47	12
4	62	37	31		27	11	23	31	39	36	57	22	14	44	32	41	45	38	16	36
5	35	10	4	27		38	4	6	12	12	30	7	41	17	5	68	72	11	43	9
6	73	48	42	11	38		34	42	50	47	68	33	5	55	43	30	34	49	8	47
7	39	14	8	23	4	34		8	16	13	34	8	37	21	9	64	68	15	39	13
8	31	6	9	31	6	42	8		13	18	26	13	45	13	1	72	76	7	47	5
9	23	8	8	39	12	50	16	13		5	18	17	53	5	12	80	84	8	55	16
10	26	13	9	36	12	47	13	18	5		21	14	50	9	17	77	81	13	52	21
11	17	20	26	57	30	68	34	26	18	21		35	71	13	25	98	102	19	73	21
12	40	15	9	22	7	33	8	13	17	14	35		36	22	12	63	67	16	38	16
13	76	51	45	14	41	5	37	45	53	50	71	36		58	46	27	31	52	3	50
14	18	7	13	44	17	55	21	13	5	9	13	22	58		12	85	89	6	60	12
15	30	5	8	32	5	43	9	1	12	17	25	12	46	12		73	77	6	48	4
16	103	78	72	41	68	30	64	72	80	77	98	63	27	85	73		9	79	25	77
17	107	82	76	45	72	34	68	76	84	81	102	67	31	89	77	9		83	29	81
18	24	1	7	38	11	49	15	7	8	13	19	16	52	6	6	79	83		54	8
19	78	53	47	16	43	8	39	47	55	52	73	38	3	60	48	25	29	54		52
20	26	8	12	36	9	47	13	5	16	21	21	16	50	12	4	77	81	8	52	

na siguiente. Como es sabido, en algunos métodos este coeficiente coincide con la distancia de disimilitud, pero en otros, el coeficiente se recalcula después de la primera etapa aglomerativa.

d) *Etapa en la que el conglomerado aparece por primera vez*: son las dos columnas siguientes y señalan la anterior etapa en la que se ha formado el conglomerado, si alguno de los individuos que se unen en esta etapa ya se había unido previamente a algún otro individuo. En el caso de que los individuos que se unan en una etapa determinada no se hayan unido previamente, en ambas columnas aparecerá el número 0. Si el primer individuo (o el segundo) ya se ha unido a otro previamente, en la primera (segunda) de estas dos columnas aparecerá la última etapa en la que dicho individuo se unió o otro.

e) *Próxima etapa*: es la última columna e indica en qué etapa otro individuo o conglomerado se combina con alguno de los de ésta.

En la lista de la tabla 9, se aprecia que el método aglomerativo que se eligió fue el método del máximo o completo.

Por ejemplo, en esta tabla, en la etapa 5 (ver fila 5) se unen los individuos 9 (*Heineken*) y 10 (*Kirin*) cuyo coeficiente de disimilitud es 34,002 (basta observar los números que aparecen en las columnas segunda, tercera y cuarta). En las dos columnas siguientes aparecen sendos 0, lo que significa que ninguna de estas dos cervezas se había unido antes a ninguna otra, es decir, cada una de ellas no ha formado un conglomerado hasta la etapa cuarta y a partir de la quinta etapa se unen para formar un conglomerado: {*Heineken, Kirin*}. Así pues, en la etapa 5 se acaba de formar un conglomerado, que está constituido por las cervezas *Heineken* y *Kirin*.

Por su parte, como en la última columna (Próxima etapa) de esta fila 5 aparece el número 11, resulta que en la etapa número 11, alguna de las dos cervezas consideradas en esta etapa (las cervezas etiquetadas con los números 9 ó 10), se une a alguna otra cerveza para formar un conglomerado más grande. En efecto, se puede observar cómo en la etapa 11 (fila 11), la cerveza 9 (*Heineken*) se une a la cerveza 14 (*Lowenbrau*) para formar un nuevo conglomerado. Obsérvese que el coeficiente de esta unión es 145,699 y

TABLA 9: *Vinculación completa. Historial de conglomeración*

	Conglomerado que se combina		**Coeficient.**	**Etapa en la que el conglomerado aparece por primera vez**		**Próxima etapa**
Etapa	**Conglom. 1**	**Conglom. 2**		**Conglom. 1**	**Conglom. 2**	
1	2	18	2,020	0	0	7
2	8	15	2,293	0	0	6
3	13	19	13,024	0	0	9
4	5	7	17,041	0	0	8
5	9	10	34,002	0	0	11
6	8	20	34,041	2	0	12
7	2	3	65,040	1	0	12
8	5	12	74,192	4	0	16
9	6	13	89,011	0	3	13
10	16	17	97,418	0	0	18
11	9	14	145,699	5	0	15
12	2	8	169,001	7	6	15
13	4	6	257,258	0	9	18
14	1	11	315,070	0	0	17
15	2	9	442,110	12	11	16
16	2	5	500,494	15	8	17
17	1	2	1770,780	14	16	19
18	4	16	2075,992	13	10	19
19	1	4	11540,243	17	18	0

que en las dos columnas siguientes (que corresponden a «Etapa en la que el conglomerado aparece por primera vez») aparecen los números 5 y 0. Este hecho significa que el primer individuo (cerveza 9) ya se había unido a otro previamente en la etapa 5 (lo que ya sabemos por haberlo comentado más arriba), y que el segundo individuo (la cerveza 14) no se había unido a ninguna otra hasta este momento. Así pues, en la etapa 11 el nuevo conglomerado resultante es {*Heineken, Kirin, Lowenbrau*}.

Si se observa la fila o etapa 15 se puede deducir que los individuos que se unen en este momento son las cervezas etiquetadas con los números 2 (*Becks*) y 9 (*Heineken*). Ahora bien, ambas cervezas ya se habían unido previamente a otras cervezas en etapas anteriores. En efecto, la cerveza 2 se había unido en la etapa 12 a la cerveza 8 (*Heilemans old*), y previamente, en la etapa 7 a la cerveza 3 (*Budweiser*), y anteriormente todavía, en la etapa 1 a la cerveza 18 (*Schlitz*), por lo que hasta este momento, la cerveza 2 forma un conglomerado definido por las siguientes cervezas: {*Beck, Heilemans old, Budweiser, Schlitz*}. Por su parte, la cerveza 9 ya se había unido anteriormente a otras cervezas en la etapa 11 formado el conglomerado {*Heineken, Kirin, Lowenbrau*}, por lo tanto, en la etapa 15 se ha formado un nuevo conglomerado que es la unión de los dos anteriores, resultando el siguiente: {*Beck, Heilemans old, Budweiser, Schlitz, Heineken, Kirin, Lowenbrau*}.

De forma similar a como acabamos de hacer con algunos casos concretos, se puede seguir el proceso de cómo se produce la elaboración de los diferentes conglomerados.

Volviendo al caso considerado anteriormente en el que se utilizó la distancia de Chebychev, si se solicita efectuar un Análisis de Conglomerados mediante el método del mínimo o simple, se tendrá el historial de la tabla 10.

Por otra parte, la información de cualquiera de las dos tablas anteriores proporciona los coeficientes de disimilitud de los individuos que se unen para formar un conglomerado, lo que permite hacerse una idea de las diferencias entre los conglomerados que se están formando. Así, coeficientes pequeños indican que se están formando conglomerados muy homogéneos; por el contrario, coeficientes grandes indican que se están formando conglomerados conteniendo miembros muy disimilares. Los valores que se obtienen dependen, claramente, del método y de la distancia utilizados.

Como en el proceso que se siguió para la determinación del análisis se pidió que se señalaran los conglomerados a los que pertenecen los individuos, considerando desde 3 hasta 10 grupos, resulta que a continuación aparece una lista en la que se indica la asignación de los diferentes individuos a los diferentes conglomerados, en función del número de conglomerados solicitado. Esta tabla es la 11, para el primero de los análisis efectuado (método del máximo y distancia euclídea al cuadrado).

Así, la primera columna indica la cerveza de que se trata y el resto de las mismas indican el conglomerado a que dicha cerveza es asignado, según el número de conglomerados considerado, que aparece en la primera de las filas. En este ejemplo se han solicitado de 10 a 3 conglomerados. Como se puede apreciar, la cerveza número 14 (*Lowenbrau*), por ejemplo, se asigna al conglomerado número 9 cuando se consideran diez conglomerados, al número 7 cuando hay nueve grupos, al número 6 cuando se consideran ocho conglomerados, al número 5 tanto si hay siete como seis grupos, al conglomerado 2 si hay cinco o cuatro conglomerados y en el caso de que haya tres conglomerados, se asigna al número 1. Por contra, la cerveza número 1 (*Ausberger*) es asignada siempre al conglomerado número 1, sin importar en cuántos conglomerados se divida la matriz de datos.

Si representamos la tabla que corresponde al otro ejemplo que estamos llevando a cabo, es decir, mediante la distancia de

TABLA 10: *Vinculación simple. Historial de conglomeración*

	Conglomerado que se combina		**Coeficient.**	**Etapa en la que el conglomerado aparece por primera vez**		**Próxima etapa**
Etapa	**Conglom. 1**	**Conglom. 2**		**Conglom. 1**	**Conglom. 2**	
1	2	18	1	0	0	10
2	8	15	1	0	0	4
3	13	19	3	0	0	8
4	8	20	4	2	0	10
5	5	7	4	0	0	6
6	3	5	4	0	5	11
7	9	14	5	0	0	9
8	6	13	5	0	3	15
9	9	10	5	7	0	12
10	2	8	5	1	4	11
11	2	3	5	10	6	12
12	2	9	6	11	9	13
13	2	12	7	12	0	16
14	16	17	9	0	0	19
15	4	6	11	0	8	18
16	2	11	13	13	0	17
17	1	2	17	0	16	18
18	1	4	22	17	15	19
19	1	16	25	18	14	0

TABLA 11: *Conglomerado de pertenencia*

Caso	10 Con.	9 Con.	8 Con.	7 Con.	6 Con.	5 Con.	4 Con.	3 Con.
1:Augsberger	1	1	1	1	1	1	1	1
2:Becks	2	2	2	2	2	2	2	1
3:Budweiser	2	2	2	2	2	2	2	1
4:Budweiser light	3	3	3	3	3	3	3	2
5:Coors	4	4	4	4	4	4	2	1
6:Coors light	5	5	5	3	3	3	3	2
7:Hamms	4	4	4	4	4	4	2	1
8:Heilemans old	6	6	2	2	2	2	2	1
9:Heineken	7	7	6	5	5	2	2	1
10:Kirin	7	7	6	5	5	2	2	1
11:Kronenbourg	8	8	7	6	1	1	1	1
12:Michelob light	4	4	4	4	4	4	2	1
13:Miller lite	5	5	5	3	3	3	3	2
14:Lowenbrau	9	7	6	5	5	2	2	1
15:Old Milwaukee	6	6	2	2	2	2	2	1
16:Olympia gold	10	9	8	7	6	5	4	3
17:Pabst extra	10	9	8	7	6	5	4	3
18:Schlitz	2	2	2	2	2	2	2	1
19:Schlitz light	5	5	5	3	3	3	3	2
20:Strohs Bohemian	6	6	2	2	2	2	2	1

Chebychev y con el método del mínimo, tendremos el resultado reflejado en la tabla 12.

En este otro ejemplo se han solicitado, al igual que antes, de 10 a 3 conglomerados. Se puede observar que la cerveza considerada anteriormente, la número 14 (*Lowenbrau*), se asigna al conglomerado número 6 cuando hay diez conglomerados, al número 5 cuando se consideran nueve, al número 2 cuando se consideran entre ocho y cuatro conglomerados y se asigna al conglomerado 1 cuando hay tres conglomerados. Como se puede ver, la asignación de esta cerveza a los conglomerados existentes es muy distinta de la asignación hecha con el método anterior. Por su parte, la cerveza número 1 (*Ausberger*) siempre es asignada al primer conglomerado, sin que influya para ello el número de conglomerados que se

TABLA 12: *Conglomerado de pertenencia*

Caso	**10 Con.**	**9 Con.**	**8 Con.**	**7 Con.**	**6 Con.**	**5 Con.**	**4 Con.**	**3 Con.**
1:Augsberger	1	1	1	1	1	1	1	1
2:Becks	2	2	2	2	2	2	2	1
3:Budweiser	3	2	2	2	2	2	2	1
4:Budweiser light	4	3	3	3	3	3	3	2
5:Coors	3	2	2	2	2	2	2	1
6:Coors light	5	4	4	4	4	3	3	2
7:Hamms	3	2	2	2	2	2	2	1
8:Heilemans old	2	2	2	2	2	2	2	1
9:Heineken	6	5	2	2	2	2	2	1
10:Kirin	6	5	2	2	2	2	2	1
11:Kronenbourg	7	6	5	5	5	4	2	1
12:Michelob light	8	7	6	2	2	2	2	1
13:Miller lite	5	4	4	4	4	3	3	2
14:Lowenbrau	6	5	2	2	2	2	2	1
15:Old Milwaukee	2	2	2	2	2	2	2	1
16:Olympia gold	9	8	7	6	6	5	4	3
17:Pabst extra	10	9	8	7	6	5	4	3
18:Schlitz	2	2	2	2	2	2	2	1
19:Schlitz light	5	4	4	4	4	3	3	2
20:Strohs Bohemian	2	2	2	2	2	2	2	1

consideren. Este hecho es el mismo que el que se verifica en el ejemplo anterior para la misma cerveza.

6.3.4. *Dendrogramas*

Como último paso en el análisis que estamos llevando a cabo, procederemos a obtener la representación gráfica de la clasificación jerárquica resultante. Como es sabido, esta representación se efectúa mediante un dendrograma. El dendrograma que se obtiene muestra los conglomerados que están siendo combinados y los valores de los coeficientes para cada nivel. Los individuos se presentan en columna mientras que las disimilitudes de cada uno de los posibles conglomerados (niveles o nodos) aparecen en horizontal, referenciados por un eje graduado de 0 a 25. El programa SPSS/PC lleva a cabo un cambio de escala, en las medidas de disimilitud, de modo que puedan compararse las diferentes aglomeraciones producidas por los diferentes métodos de Análisis de Conglomerados según la misma escala.

Como ya hemos indicado anteriormente, la mejor forma de interpretar este gráfico consiste en dar cortes imaginarios verticales, de modo que en la parte derecha de dicho corte se pueden observar cuántos grupos se han formado, y en la parte izquierda del mismo se observan los individuos que forman cada uno de los grupos, sin más que seguir las líneas que determinan cada uno de dichos grupos hasta los individuos. Este hecho estará en concordancia con las tablas anteriores en las que se muestra el conglomerado de pertenencia de cada una de las cervezas, para cada uno de los cortes del dendrograma, en los que se consideren entre 3 y 10 conglomerados.

La salida para el primer ejemplo que estamos considerando, en la que se informa del tipo de método que se ha utilizado y al que corresponde el gráfico obtenido, es la de la figura 42 (se puede observar que aunque la versión que utilizamos está en castellano, esta salida proporciona los títulos en inglés).

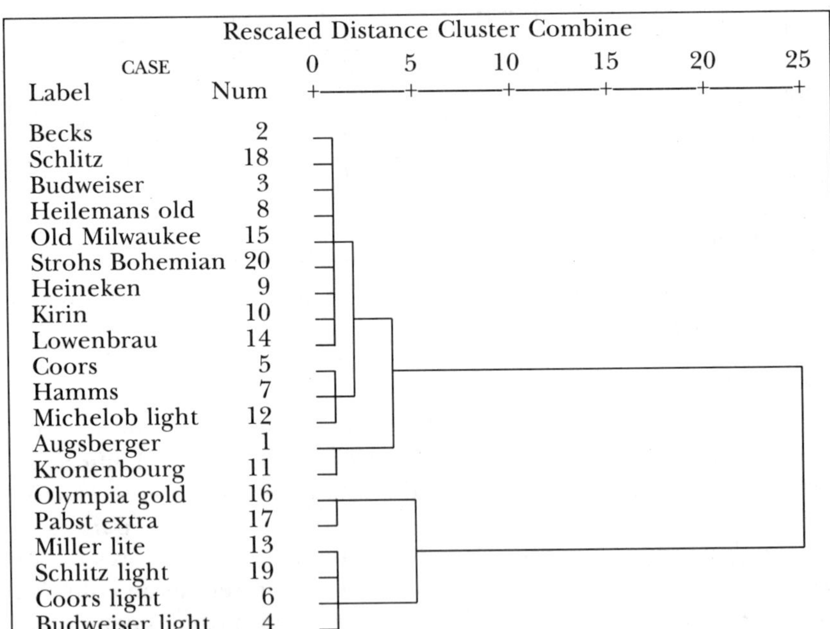

FIGURA 42. *Dendrogram using Complete Linkage (Dendrograma usando el Método Completo)*

En el ejemplo que estamos analizando, si se hace un corte vertical por el valor 10 de la escala (ahora no tendremos en cuenta el valor real del coeficiente que corresponde en este punto de la escala), se puede observar la existencia de 2 conglomerados (este caso no está incluido en la tabla donde se señalan los conglomerados de pertenencia dado que allí se consideró la existencia de, al menos, 3 conglomerados). El segundo de los cuales estaría formado por las siguientes cervezas: {*Olympia gold, Pabst extra, Miller lite, Schlitz light, Coors light, Budweiser light*}, mientras que el primero lo formarían las restantes.

Para el segundo ejemplo se obtiene un dendrograma completamente diferente al obtenido para el método anterior. En este caso, si se hiciera un corte vertical por el mismo punto que antes, es decir, en el valor 10 de la escala, se obtendrían 6 conglomerados en lugar de los 2 obtenidos con el otro ejemplo.

Los miembros de cada uno de estos 6 grupos se pueden obtener obsevando el dendrograma o bien directamente de la tabla presentada anteriormente. Las cervezas que pertenecen a cada uno de

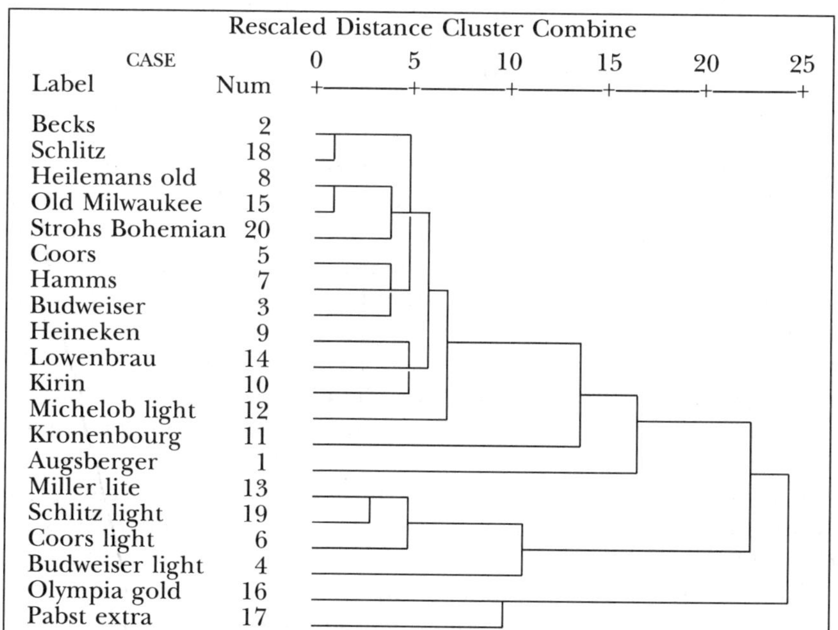

FIGURA 43: *Dendrogram using Single Linkage (Dendrograma usando el Método Simple)*

estos 6 conglomerados son las siguientes: {*Augsberger*}, {*Becks, Schlitz, Heilemans old, Old Milwaukee, Strohs Bohemian, Coors, Hamms, Budweiser, Heineken, Lowenbrau, Kirin, Michelob light*}, {*Budweiser light*}, {*Miller lite, Schlitz light, Coors light*}, {*Kronenbourg*} y {*Olympia gold, Pabst extra*}.

6.3.5. *Comentario*

A modo de comentario final, podemos señalar, de forma muy breve, algunas consideraciones que se deducen directamente de los dos dendrogramas anteriores y de la matriz de datos.

Por ejemplo, en los dos dendrogramas se observa que las cervezas 16 y 17 (*Olympia gold* y *Pabst extra*) se unen en primera instancia para formar un conglomerado constituido sólo por ellas dos. Si se observa entonces la matriz de datos, podemos notar que ambas tienen un número de calorías similar (72 y 68, respectivamente) y que son los dos valores más pequeños que toma esta variable en toda la muestra; además, para ambas cervezas, la cantidad de alcohol es muy parecida (2,9 y 2,3, respectivamente) y también son los dos menores valores de esta variable. Más aún, se observa que los precios son parecidos (1,38 y 1,14, respectivamente) aunque la cantidad de sodio no sea tan pareja (6 y 15, respectivamente). De todo ello podemos concluir que no es de extrañar que ambas cervezas se unan para formar un conglomerado, dado que para ambas los valores de las variables son bastante parejos.

Algo parecido se puede decir de las cervezas 13 y 19 (*Miller lite* y *Schlitz light*). Para ambas el número de calorías es muy similar (99 y 97, respectivamente) y son los siguientes valores menores para esta variable. También tienen una cantidad de alcohol pareja (4,3 y 4,2, respectivamente) y el mismo precio (1,29). La cantidad de sodio es más parecida a la mostrada por las dos cervezas anteriores (10 y 7, respectivamente). Todo ello no nos debe sorprender que conduzca a que estas dos cervezas se unan para formar un conglomerado. Además, dado que los valores de las variables para estas dos cervezas parecen más parejos que los mostrados para las cervezas comentadas en el párrafo precedente, es fácil deducir que estas dos cervezas se deben unir antes del momento en que lo hacen las otras dos. Este hecho se puede comprobar en el segundo dendrograma dado que *Miller lite* y *Schlitz light* se unen para un valor aproximado de 3,5-4, mientras que *Olympia gold* y *Pabst extra* se unen en para un valor cercano a 10.

Ahora, cabe preguntarse, por ejemplo, si otras cervezas con el mismo precio que estas dos últimas serán similares a ellas. En este caso, si buscamos otras cervezas con el mismo precio (1,29), podemos encontrar que existen dos: *Hamms* y *Heilemans old*. Sin embargo, es fácil comprender que la similitud entre las cervezas no está determinada sólo por el precio, dado que estas dos cervezas están lejos de las anteriores, como se puede ver en ambos dendrogramas. Por otra parte, es lógico que así suceda, dado que para estas cervezas, las calorías son de 136 y 144, respectivamente, ambas muy alejadas de las 99 y 97 para las cervezas con las que las estamos comparando. Algo parecido podemos decir si miramos los valores de alcohol (4,4 y 4,9, respectivamente, contra los 4,3 y 4,2 de las anteriores) y los de sodio (19 y 24, respectivamente, contra los 10 y 7 de las primeras).

Se podría llevar a cabo un estudio más exhaustivo de la clasificación obtenida, sin más que analizar las características de cada uno de los posibles conglomerados obtenidos, tal y como se comentó en el apartado 5.5. Sin embargo, llevar a cabo ese estudio nos llevaría más allá de las intenciones de esta monografía.

7

ANÁLISIS DE CONGLOMERADOS MIXTO

A la hora de abordar la resolución de un problema de clasificación, la selección del método que se va a utilizar no sólo depende de las características de los métodos disponibles (como hemos comentado en los dos apartados anteriores), sino que también influye el conjunto de datos que va ser analizado. Así, en este capítulo presentamos otra forma de llevar a cabo clasificaciones jerárquicas atendiendo al problema que puede suponer disponer de una matriz de datos muy elevada en cuanto al número de individuos a considerar.

7.1. Objetivos y aplicaciones

Cuando se dispone de una matriz de datos muy grande no siempre es posible utilizar, en una primera etapa, los métodos de Análisis de Conglomerados mencionados hasta ahora. La dificultad estriba en la capacidad de memoria de los ordenadores.

Cuando se dispone de muchos datos, la matriz de disimilitudes entre los individuos es una matriz muy grande (de orden $n \times n$, siendo n el número de individuos) y las operaciones que se deben realizar a partir de ellas son tales, que puede sobrepasarse la capacidad de memoria estándar de un ordenador personal, o de la que pueden gestionar los paquetes estadísticos. Este problema, común en muchas situaciones, ha obligado a diseñar nuevas estrategias para resolver el problema de clasificar individuos. Los métodos de Análisis de Conglomerados alternativos se fundamentan en los ya presentados y suelen recibir el nombre de métodos híbridos (Wong, 1982) o mixtos (Ling, 1972; Sneath y Sokal, 1973; Lebart *et al.*, 1984).

Este nuevo tipo de Análisis de Conglomerados se basa en procesos que tienen dos líneas de actuación:

1. Seleccionar un menor número de individuos de los que se dispone en cada análisis, de modo que se requiera menor capacidad de memoria de ordenador (Método de Sneath y Sokal).
2. Utilizar lo que se conoce como algoritmo de centros móviles (Método de Lebart).

A continuación pasaremos a estudiar cada uno de estos dos métodos, sus ventajas e inconvenientes.

7.2. Método de Sneath y Sokal

El método propuesto por Sneath y Sokal (1973) responde a la primera línea de actuación y se basa en la división de la muestra completa en varios conjuntos de individuos. Para cada uno de estos conjuntos se efectúa un Análisis de Conglomerados, de modo que sea factible por los requerimientos de memoria que pueda suponer tal análisis.

De forma más concreta, este método lleva a cabo los siguientes pasos:

1. Se selecciona una muestra aleatoria de los individuos de que se disponen en la muestra original.
2. Se realiza un Análisis de Conglomerados sobre los mismos (es evidente que este número dependerá de la memoria del ordenador y de la que gestione el paquete de que se disponga).
3. Se seleccionan 3 individuos de cada uno de los conglomerados bien definidos que se hayan obtenido y se consideran dichos individuos como puntos de referencia para ese conglomerado.
4. Se selecciona otra muestra en la que se incluyen los puntos de referencia anteriores.

El proceso anterior se repite hasta que todos los individuos hayan pasado por el análisis. Con este proceso, muchos individuos se irán asignando a conglomerados ya existentes; el resto, los individuos que podemos considerar «solitarios», es decir, los que no han sido asignados a ningún conglomerado establecido, deberán sufrir otro Análisis de Conglomerados para determinar agrupaciones pequeñas.

Esta forma de actuar presenta algunos problemas, como son el que al considerar sólo parte de los individuos de la muestra completa se pierde información, que puede ser relevante, acerca de las relaciones entre los individuos. Es decir, se pierden las correlaciones que pueden presentar algunas de las variables. Por otra parte, como el proceso parte de un conjunto de individuos de la muestra que es clasificado en conglomerados y que, posteriormente, está representado por sólo tres individuos (los de referencia), resulta que en los análisis posteriores, estos individuos de referencia tienen en mismo peso que los demás que son considerados en los análisis posteriores, lo cual puede llegar a distorsionar gravemente los grupos que se van formando.

Debido a estos dos problemas que acabamos de señalar, el procedimiento más utilizado cuando se dispone de una matriz de datos muy grande, que no puede ser manipulada por un ordenador o un programa, es el método que se comenta en la sección siguiente.

7.3. Método de Lebart

En la segunda línea de actuación entra el método propuesto por Lebart *et al.* (1984). El proceso que sigue este método requiere los siguientes cuatro pasos:

1. En primer lugar, se trata de obtener una partición preliminar de los n individuos en k grupos homogéneos ($k < n$), de modo que dicha partición sea bastante mayor que el número real o deseado de grupos de la población. Es decir, se trata de obtener una primera aproximación a la clasificación final, de modo que en primera instancia se obtengan k grupos dentro de la muestra, de tal manera que esta k sea bastante mayor que el número de conglomerados que se supone existe o que se espera obtener en la muestra. Este número k de grupos posteriormente irá disminuyendo, en la forma que se establezca, hasta obtener los conglomerados resultantes.

El proceso de cómo se obtiene dicha partición preliminar se basa en el Algoritmo de los Centros Móviles y en la obtención de Grupos Estables. Ambos aspectos se verán más adelante.

2. En el segundo paso se lleva a cabo una partición jerárquica ascendente, de modo que los *k* elementos finales del dendrograma que se obtenga sean los *k* grupos de la partición considerados en el apartado 1. Estos *k* elementos finales se denominan Grupos Estables.

En este paso, y una vez determinados los Grupos Estables, se lleva a cabo una agrupación jerárquica de los mismos. Este proceso es necesario para, primero, reconstruir los grupos que hayan podido ser fragmentados de manera artificial en el paso anterior y, segundo, para agregar los individuos, aparentemente dispersos, alrededor de sus centros originales. La agregación jerárquica propuesta por Lebart *et al.* se basa en el método de Ward, que minimiza, como ya se ha dicho en la sección 5.3.7, la varianza dentro de los grupos.

3. El tercer paso consiste en inspeccionar el árbol o dendrograma obtenido en la agregación jerárquica anterior y cortarlo en el nivel más apropiado. Se obtiene de este modo la partición definitiva de los *n* individuos en *g* conglomerados, con $g < k$.

La elección del nivel de corte en el dendrograma puede hacerse «a ojo» si las distancias entre los diferentes niveles o nudos del dendrograma son lo suficientemente significativas como para hacerlo de esta manera, o bien recurriendo a la estrategia de representar las distancias que separan los nudos del dendrograma por medio de un diagrama de barras y realizar el corte sobre dicho diagrama. Cuando este corte es difícil de precisar, estamos ante el problema clásico del Análisis de Conglomerados de decidir cuántos conglomerados subyacen en la matriz de datos.

4. Como cuarto y último paso, se describen de los diferentes grupos o conglomerados obtenidos.

Cuando las variables son cuantitativas, esta descripción puede hacerse ordenando las variables que más pesan dentro de cada uno de los conglomerados resultantes, asignando un índice a cada una de dichas variables. El índice que se asigna a cada una de ellas se obtiene por medio de la comparación de la media de cada variable dentro de cada grupo con la media total de dicha variable, suponiendo que los individuos están localizados en el grupo j aleatoriamente, mediante la expresión:

$$I(x) = (x_j - x) / s_j(x);$$
$$s_j(x) = ((n - n_j) s^2(x)) / ((n - 1) n_j);$$

siendo $s^2(x)$ la varianza de la variable x, n el número total de individuos y n_j el número de individuos del conglomerado j.

Una vez que conocemos el procedimiento genérico para llevar a cabo el Análisis de Conglomerados Mixto, pasaremos a analizar de qué forma se lleva a cabo el procedimiento de clasificación. Como hemos señalado anteriormente, este método hace uso de dos conceptos fundamentales: el algoritmo de los centros móviles que permite determinar una primera agrupación de individuos, tal y como se señala en el punto 1.; y de los Grupos Estables, señalados en el paso 2. anterior.

7.3.1. *Algoritmo de Centros Móviles*

Como ya hemos señalado, este algoritmo es el que se utiliza para determinar una partición preliminar de los individuos en k grupos homogéneos.

El algoritmo parte de la matriz de datos, A, de dimensión $n \times m$, siendo n el número de individuos y m el número de variables. Los individuos se consideran como puntos en el espacio métrico de m dimensiones: $\mathbf{R}^m$, en el que está definida la distancia euclídea d. Suponemos que se desea obtener una partición de los individuos en k grupos homogéneos.

Los pasos a seguir son los siguientes:

1. Se seleccionan k individuos de la muestra y se consideran dichos individuos como centros de grupos provisionales, llamados C_1^1, ..., C_k^1. La elección o determinación de estos k centros iniciales determina la partición final que se obtiene. Estos k centros provisionales proporcionan una partición, P^1, del conjunto de individuos en k conglomerados, I_1^1, ..., I_k^1, del siguiente modo: un individuo i pertenece al conglomerado I_j^1 si la distancia del individuo i al centro C_j^1 es la menor de todas las distancias entre i y los todos los centros C_1^1, ..., C_k^1.

Así pues, en este primer paso se ha obtenido una primera partición (señalada por los superíndices de las letras I) de la muestra en k grupos, I_1^1, ..., I_k^1, partiendo de los primeros k centros, C_1^1, ..., C_k^1.

2. La asignación de los puntos a los conglomerados del paso anterior permite calcular un segundo conjunto de centros, C_1^2, ..., C_k^2, como los centros de gravedad de los conglomerados I_1^1, ..., I_k^1. Estos nuevos centros proporcionan una nueva partición P^2, definida de forma análoga a como se hizo en el paso 1. Esta partición P^2 estará formada, entonces, por los conglomerados I_1^2, ..., I_k^2.

El proceso descrito anteriormente se itera de forma recursiva, hasta que se verifique algún criterio de parada determinado. Estos criterios de detención del algoritmo pueden ser de varios tipos: si dos iteraciones sucesivas determinan la misma partición, si en dos iteraciones sucesivas ninguno de los individuos ha sido asignado a un conglomerado diferente del que procedía, si la varianza dentro de los grupos decrece significativamente, si se ha establecido un determinado número de iteraciones, etc.

En la figura siguiente (figura 44) se presenta un ejemplo del proceso que se seguiría para llevar a cabo este algoritmo, utilizando puntos en el plano e iterando el proceso tres veces.

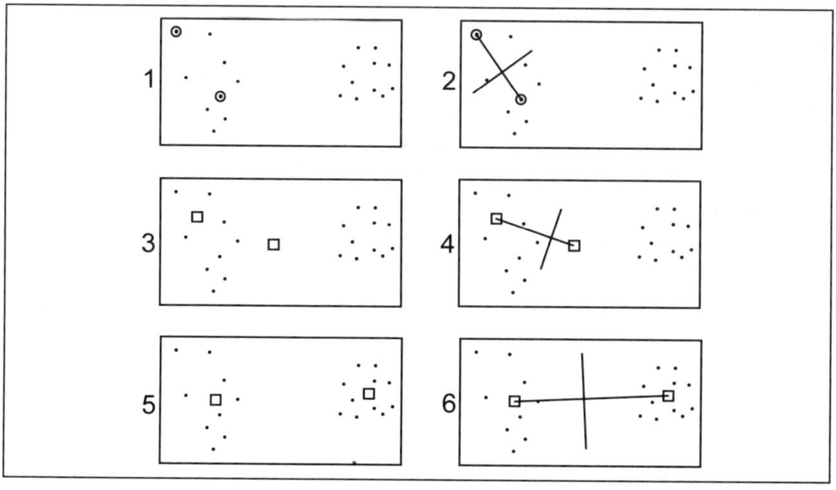

FIGURA 44. *Ejemplo de separación de individuos por el algoritmo de los Centros Móviles.*

Como se puede observar en el ejemplo anterior, se parte inicialmente de un conjunto formado por 20 individuos. En un primer momento (cuadro 1 de la figura 44) se seleccionan 2 individuos como centros provisionales: C_1^1 y C_2^1 (dichos centros se pueden observar fácilmente porque son los puntos que están rodeados por sendas circunferencias). A continuación, los restantes individuos se comparan con los dos centros anteriores y cada uno de ellos se liga con el centro que esté más cercano, de modo que al hacer esto se obtiene una primera partición, P^1, formada por dos grupos: I_1^1 e I_2^1 (en el cuadro 2 de la figura 44 estos dos grupos están separados por la línea perpendicular a la línea que une los dos centros del cuadro 1). Cada uno de los dos grupos obtenidos tiene su centro particular, que ahora no tiene por qué coincidir con uno de los individuos, si no que será, en general, un punto del plano. Estos dos nuevos centros, C_1^2 y C_2^2, están representados en el cuadro 3 y están marcados por sendos cuadrados.

El procedimiento anterior se repite de forma análoga a como se ha hecho hasta ahora, de modo que en el cuadro 4 se observa la segunda partición, P^2, formada por los dos nuevos grupos obtenidos, I_1^2 e I_2^2, y en el cuadro 5 se representan los dos centros de los dos grupos anteriores, C_1^3 y C_2^3. Finalmente, en el cuadro 6 se aprecia la partición definitiva, P^3, con los dos grupos resultantes, I_1^3 e I_2^3.

En el algoritmo anterior no se hace uso de ninguna matriz de disimilitudes y apenas si se llevan a cabo cálculos ni almacenamiento de información en la memoria del ordenador. Considerando el caso general del algoritmo, si se consideran k centros provisionales, los únicos cómputos que se llevan a cabo, en cada uno de los pasos, son las distancias de cada individuo a cada uno de los k centros y elegir la menor de ellas; y en cuanto a los datos que se almacenan, éstos se limitan a las coordenadas de cada uno de los k centros, y el grupo al que cada uno de los individuos es asignado. En cada etapa los nuevos datos reemplazan a los anteriores, con lo que se puede comprender la rapidez con que se lleva a cabo el algoritmo y la poca memoria que se requiere para ejecutarlo.

7.3.2. *Grupos Estables*

En general, el algoritmo de Centros Móviles que acabamos de describir converge a óptimos locales, es decir, a grupos bien definidos, pero que puede que no sean la solución global al problema planteado. El problema de encontrar una partición óptima no ha sido resuelto hasta la fecha. Un remedio parcial a este problema, propuesto por Diday (1972), consiste en calcular los que se denominan Grupos Estables. La principal ventaja de este método es que los resultados obtenidos señalan regiones de alta densidad de individuos por medio de una partición simple.

La técnica consiste en determinar varias particiones base por medio del algoritmo de Centros Móviles, utilizando para cada una de ellas diferentes centros iniciales. Es decir, cada vez que se lleva a cabo el algoritmo anterior utilizando determinados centros iniciales, se obtiene una partición de toda la muestra que puede llamarse partición base. Ya mencionamos que dependiendo de los centros provisionales seleccionados, se obtendrán diferentes particiones base. Por tanto, si el algoritmo anterior se lleva a cabo varias veces, utilizando en cada una de ellas diferentes centros iniciales, se obtienen diferentes resultados, que corresponden a diferentes particiones base de la muestra completa.

Una vez determinadas varias de estas particiones base, se lleva a cabo una tabla cruzada contrastando los diferentes grupos a los que un mismo individuo ha sido asignado en cada una de las particiones base. De esta manera, en dicha tabla se obtienen los individuos que en las diferentes particiones han sido asignados siempre a los mismos grupos. Si se consideran, por ejemplo, r particiones y k centros en cada una de ellas, cada uno de los individuos ha sido asignado a uno de los k grupos para cada una de las r veces que se ha llevado a cabo el algoritmo de los Centros Móviles. Al llevar a cabo la tabla cruzada, la partición producto que se obtiene determina k^r conglomerados. Las celdas no vacías de esta partición producto proporcionan los Grupos Estables, es decir, los conjuntos de individuos que permanecen juntos en las diferentes particiones, por lo que se puede considerar que forman grupos estables de individuos (van siempre juntos, sin depender del conjunto de centros del que se parta en el primer paso del algoritmo de los Centros Móviles).

En la práctica, el número de Grupos Estables que se obtiene después de la tabla cruzada es bastante menor que k^r, es decir, en la tabla cruzada aparecen muchas celdillas vacías.

7.3.3. *Clasificación jerárquica*

Después de obtener los Grupos Estables se ha llegado a una solución local o parcial del problema, puesto que se han obtenido grupos de individuos homogéneos, pero no una clasificación jerárquica de los mismos. El proceso a seguir para obtener una clasificación jerárquica puede ser el siguiente (ver Hernández Encinas, 1988, 1992, 1994; Hernández Encinas y Bea Barredo, 1989):

1. Una vez determinadas las particiones base y los grupos estables, cada uno de dichos grupos estables puede ser representado por su centro de gravedad, de modo que se tendrá un nuevo individuo por cada grupo estable obtenido.
2. Se lleva a cabo un Análisis de Conglomerados por el método que se considere más adecuado, utilizando como individuos a cada uno de los centros de gravedad determinados en el paso anterior.
3. Se utilizan los resultados del Análisis anterior (matriz de disimilitudes, historial de conglomerados, dendrograma, etc.) para interpretar los resultados.

Con relación al número de particiones base que se deben llevar a cabo y al número de centros a considerar en cada una de ellas, no existe una propuesta definitiva en la literatura. Sin embargo, la opción que aquí proponemos puede ser la de considerar que el número de celdillas que resulten en la tabla cruzada sea próxima (o ligeramente inferior) al de individuos de la muestra. Recordemos que como el número de celdillas que resultan en esta tabla es k^r, siendo r el número de particiones y k el número de centros en cada una de ellas, bastaría con elegir k y r de forma que se verificara $k^r \approx n$. Se trata de abarcar el mayor número posible de casos sin restringir las soluciones, es decir, si se considera esta opción, se podrían llegar a obtener tantos Grupos Estables como individuos de la muestra, lo que no presupone ninguna restricción.

Por ejemplo, si la muestra fuera de 1000 individuos, se podrían considerar sólo 3 particiones base y 10 centros para cada una de ellas. De este modo, el número de celdillas sería $10^3 = 1000$. Para muestras más realistas con este tipo de análisis, por ejemplo, con muestras de un millón de individuos, se podrían considerar 6 particiones base con 10 centros cada una ($10^6 = 1000000$) o considerar 4 particiones base, cada una de la cuales tenga 31 centros ($31^4 = 923521$).

7.4. Interpretación de resultados

Dado que el objetivo de este tipo de análisis es el mismo que el señalado para el Análisis de Conglomerados, es decir, la clasificación de individuos en grupos homogéneos; la interpretación de los resultados se debe llevar a cabo de la misma forma a como ya se señaló con los análisis anteriores.

Así pues, se trata de determinar el número de conglomerados que existen en la muestra o población y de llevar a cabo una descripción de los mismos. Dado que con el método que hemos desarrollado de forma más extensa (el de Lebart), y que nos parece el más aconsejable, se obtiene una colección de Grupos Estables, que dan lugar a una clasificación jerárquica junto con su dendrograma correspondiente, se procederá a establecer una interpretación con las mismas pautas a las ya apuntadas en la sección 5.5.

8

SALIDAS DEL SPSS/PC PARA EL ANÁLISIS DE CONGLOMERADOS MIXTO

El programa SPSS/PC incluye, como una de sus opciones de clasificación, la posibilidad de llevar a cabo lo que se conoce como Análisis de Conglomerados Mixto (Norusis 1985a y 1985b, Martín Martín *et al.*, 1999), que no es sino la clasificación jerárquica de los individuos de una matriz de datos grande, utilizando el algoritmo de los Centros Móviles, que hemos comentado en la sección anterior. Para ejecutar este procedimiento en el paquete SPSS/PC caben dos posibilidades de uso, dependiendo de si se conocen los centros provisionales o iniciales, o si de si éstos se desconocen. En lo que sigue mostraremos las dos formas de llevar a cabo este procedimiento, atendiendo a las dos posibilidades que se acaban de señalar.

8.1. Matriz de datos: diferentes tipos de cervezas

De forma similar a como procedimos para la presentación de las salidas de este paquete estadístico con el Análisis de Conglomerados, vamos a considerar el mismo ejemplo, es decir, la misma matriz de datos; para conocer las salidas de este programa cuando se trata de llevar a cabo un Análisis de Conglomerados Mixto. Esta matriz de datos es un grupo de cervezas definidas por las mismas las variables: calorías, gradación, precio, etc. En este caso, la matriz de datos es pequeña y, por tanto, se trata de un ejemplo didáctico, cuyo objetivo fundamental es conocer cómo trabaja este procedimiento.

Recordemos que la matriz de datos es la misma que la ya utilizada en la sección 5, y que es la de la tabla 13.

TABLA 13: *Matriz de datos*

	Cerveza (Marca de cerveza)	**Calorías** (Número de calorías)	**Sodio** (Cantidad de sodio)	**Alcohol** (Gradación)	**Precio** (Coste en euros)
1	**Augsberger**	175	24	5.5	1.20
2	**Becks**	150	19	4.7	2.28
3	**Budweiser**	144	15	4.7	1.29
4	**Budweiser light**	113	8	3.7	1.32
5	**Coors**	140	18	4.6	1.32
6	**Coors light**	102	15	4.1	1.38
7	**Hamms**	136	19	4.4	1.29
8	**Heilemans old**	144	24	4.9	1.29
9	**Heineken**	152	11	5.0	2.31
10	**Kirin**	149	6	5.0	2.27
11	**Kronenbourg**	170	7	5.2	2.19
12	**Michelob light**	135	11	4.2	1.50
13	**Miller lite**	99	10	4.3	1.29
14	**Lowenbrau**	157	15	4.9	1.44
15	**Old Milwaukee**	145	23	4.6	0.84
16	**Olympia gold**	72	6	2.9	1.38
17	**Pabst extra**	68	15	2.3	1.14
18	**Schlitz**	151	19	4.9	1.29
19	**Schlitz light**	97	7	4.2	1.41
20	**Strohs Bohemian**	149	27	4.7	1.26

Una vez que se ha accedido al programa SPSS/PC y se ha cargado en memoria la matriz de datos que ya se tiene elaborada, procederemos a llevar a cabo el Análisis de Conglomerados Mixto. Para ello, y como ya hemos indicado, consideraremos dos casos: que los centros provisionales se desconozcan o que éstos sean conocidos.

8.2. CENTROS PROVISIONALES DESCONOCIDOS

El procedimiento que se sigue en este caso consiste en elegir la opción Analizar que aparece en la barra de menús. Elegida esta opción aparece un menú desplegable con varias subopciones, de entre las que se elige la correspondiente a Clasificar (recordemos que estas dos opciones se elegían también para llevar a cabo un Análisis de Conglomerados). A continuación se selecciona la opción correspondiente a Conglomerados de K medias..., que nos conduce a una ventana en la que se solicitan diferentes datos.

Ahora se han de elegir diferentes opciones en la ventana en la que nos encontramos. Para ello se coloca en Etiquetar los casos mediante: la variable que se desee, en este caso seleccionaremos la variable que contiene el nombre de la cerveza (cerveza). En Variables: se colocarán todas las variables que se deseen utilizar para el análisis, es decir, en nuestro caso serán todas las variables a excepción de la primera, que es quien identifica a cada una de las cervezas. Recordemos que para elegir cualquiera de las variables que se muestra en la parte izquierda de la ventana en la que estamos, basta con pulsar sobre ella con el ratón y, una vez seleccionada, hacer «clic» sobre la flecha que indica que la variable elegida se dirigirá, por ejemplo, hacia el recuadro de las Variables:.

El primero de los botones de la izquierda, Centros>>, lleva a la posibilidad de que indiquemos al programa en qué fichero se encuentran las coordenadas de los centros provisionales que vamos a utilizar, así como la opción de que los centros finales que se obtengan se guarden en otro archivo. Dado que en este caso damos por hecho que no conocemos quiénes son los centros provisionales, no accederemos a este botón.

En la casilla que corresponde al Nº de conglomerados, se deberá escribir el número de conglomerados que se desea obtener en la clasificación, que coincidirá con el número de centros provisionales que el programa utilizará. En este caso, podemos escribir 3 como número de conglomerados a obtener.

A continuación en el Método a utilizar, se puede elegir entre Iterar y clasificar o Sólo clasificar. La diferencia entre ambas posibilidades es que si elegimos la primera de ellas podemos acceder al botón Iterar..., que permite decidir las condiciones por las que el algoritmo de los Centros Móviles se detiene; mientras que si se elige la segunda, éste botón se desactiva. Cuando el botón Iterar... está desactivado, el proceso iterativo que se sigue para la clasificación de los individuos es el que ofrece por defecto el programa, que utiliza como condición de parada del algoritmo de los Centros Móviles aquella por la que se llevan a cabo un máximo de 10 iteraciones o bien, menos iteraciones si la distancia entre los centros de una etapa iterativa y la siguiente es 0. Además, en la salida de resultados, no se obtiene el proceso iterativo seguido en la clasificación. Por su parte, si se elige el método de Iterar y clasificar, entonces se pueden elegir las condiciones por las que el algoritmo debe pararse, que no tienen porqué coincidir con las que utiliza el programa por defecto. En nuestro ejemplo seleccionaremos la opción Iterar y clasificar. Al hacerlo, podemos hacer «clic» sobre el botón Iterar... y determinar las condiciones de parada del algoritmo. No obstante, dejaremos como N° máximo de iteraciones las 10 que figuran por defecto, y como Criterio de convergencia el valor 0, que hace referencia a la distancia que separa a los centros en dos etapas sucesivas. Una vez hecho esto, elegimos la opción Continuar.

El botón Guardar... permite crear una nueva variable en el fichero con el que se está trabajando de modo que guarde el Conglomerado de pertenencia de cada uno de los individuos, es decir, un número que corresponde al conglomerado al que es asignado. También es posible hacer lo propio con la Distancia desde centro del conglomerado al individuo, es decir, esta nueva variable almacena la distancia que hay desde cada uno de los individuos al centro del conglomerado al que es asignado. Puede ser interesante crear estas variables si se van a utilizar para estudios posteriores. En nuestro caso no lo vamos a hacer, de momento.

Si se accede a la ventana que conduce la elección del botón Opciones..., se puede elegir la obtención de diferentes Estadísticos, como son los Centros de conglomerados iniciales, es decir, que se obtenga en la salida una tabla conteniendo las coordenadas de los centros que se han considerado como provisionales; una Tabla de ANOVA, es decir, un análisis de la varianza; o la Información del conglomerado para cada caso. Para el ejemplo que nos ocupa seleccionaremos las tres opciones. Finalmente, esta ventana permite decidir qué casos se considerarán como Valores perdidos: si se deben Excluir casos según lista o bien si Excluir casos según pareja. Consideraremos la primera de estas dos posibilidades. Después de elegir las opciones adecuadas a cada caso, se pulsa sobre el botón Continuar.

Una vez que se han elegido los datos que se desean visualizar en la salida de resultados, se hace «clic» sobre el botón Aceptar y se obtiene la salida del programa que corresponde a la petición hecha. Vamos a analizar dicha salida.

En primer lugar aparece la tabla que contiene las coordenadas de los centros provisionales, es decir, una tabla que presenta tantos individuos de la muestra como conglomerados se desean obtener. Estos centros provisionales, como ya comentamos, son individuos de la muestra. La elección de los centros que lleva a cabo el programa depende del número de centros a considerar y trata de localizar los individuos más alejados de la muestra que se posee. Sin embargo, el proceso general consiste en elegir dos individuos cuyos valores para la mayor de las variables son los extremos, es decir, los que tienen el mayor y el menor valor para la variable de datos más elevados. Los restantes individuos los elige de modo que se encuentren separados de los dos primeros. La tabla obtenida para el ejemplo que nos ocupa es la 14.

TABLA 14: *Centros iniciales de los conglomerados*

	Conglomerado		
	1	**2**	**3**
Número de calorías	175	140	68
Cantidad de sodio	24	18	15
Gradación	5,5	4,6	2,3
Coste en euros	1,20	1,32	1,14

En la tabla 14 se puede observar que los centros provisionales de los conglomerados 1 y 3 son los que tienen el mayor y el menor valor, respectivamente, para la variable *Número de calorías*, que es la que posee los datos más elevados.

A continuación se puede observar el proceso que se ha seguido para la determinación de los diferentes centros en el algoritmo de los Centros Móviles. En la tabla 15, en la que se presenta esta salida, se pueden apreciar, para cada una de las iteraciones, las distancias que separan a los centros que se están considerando. Al final de la tabla se muestra una información que recoge el motivo de la detención del proceso iterativo, si es que éste se ha parado antes de ejecutar el número de iteraciones solicitado; o si se ha llegado al número de iteraciones pedido y no se ha cumplido el criterio de convergencia solicitado. En el ejemplo que nos ocupa, la información que aparece hace referencia a que se ha detenido el proceso antes de llegar a las 10 iteraciones pedidas (en este caso sólo han sido necesarias 3 iteraciones) porque en la tercera iteración los centros determinados son los mismos que los calculados para la segunda iteración.

TABLA 15: *Historial de iteraciones*

	Cambio en los centros de los conglomerados		
Iteración	**1**	**2**	**3**
1	8,875	3,763	20,128
2	,000	2,638	4,256
3	,000	,000	,000

Convergencia alcanzada debido a un cambio en la distancia nulo o pequeño. La distancia máxima en la que ha cambiado cada centro es ,000. La iteración actual es 3. La distancia mínima entre los centros iniciales es 35,522.

En la tabla 15 se puede apreciar que el centro del conglomerado número 1 es el mismo en la segunda iteración que en la primera, puesto que la distancia del centro de la primera iteración al centro de la segunda es 0. No sucede lo mismo con los centros de los otros dos conglomerados, que cambian al pasar de la primera a la segunda iteración, pero que no cambian de la segunda a la tercera, de ahí que se detenga en este paso el algoritmo. Una vez que se han determinado los centros de los diferentes conglomerados, puesto que el proceso para determinarlos ha concluido, se presenta la información que señala a qué conglomerado, de los tres que se pidieron, pertenece cada uno de los individuos de la matriz de datos. También se puede ver la distancia de cada una de las cervezas al centro del conglomerado al que pertenece (ver tabla 16).

TABLA 16: *Pertenencia a los conglomerados*

Número de caso	**Marca de cerveza**	**Conglomerado**	**Distancia**
1	Augsberger	1	8,875
2	Becks	2	4,430
3	Budweiser	2	3,020
4	Budweiser light	3	21,278
5	Coors	2	6,052
6	Coors light	3	11,269
7	Hamms	2	10,160
8	Heilemans old	2	7,047
9	Heineken	2	8,703
10	Kirin	2	11,670

TABLA 16: *Pertenencia a los conglomerados (Cont.)*

Número de caso	Marca de cerveza	Conglomerado	Distancia
11	Kronenbourg	1	8,875
12	Michelob light	2	12,662
13	Miller lite	3	7,204
14	Lowenbrau	2	11,230
15	Old Milwaukee	2	5,878
16	Olympia gold	3	20,278
17	Pabst extra	3	24,353
18	Schlitz	2	5,306
19	Schlitz light	3	6,092
20	Strohs Bohemian	2	10,205

Las coordenadas de los centros finales, es decir, los centros de cada uno de los conglomerados obtenidos, se pueden observar en la tabla 17.

TABLA 17: *Centros de los conglomerados finales*

	Conglomerado		
	1	**2**	**3**
Número de calorías	173	146	92
Cantidad de sodio	16	17	10
Gradación	5,4	4,7	3,6
Coste en euros	1,69	1,53	1,32

Se puede apreciar cómo ninguno de los centros finales de los conglomerados coincide con ninguna de las cervezas de la muestra, lo cual era de esperar, a tenor de cómo trabaja el algoritmo de los Centros Móviles.

La matriz que aparece a continuación (tabla 18) informa de las distancias que separan a cada uno de los centros finales de los restantes. Como es lógico, en la diagonal debería aparecer la distancia de cada centro a sí mismo, pero este valor no aparece puesto que es 0.

TABLA 18: *Distancias entre los centros de los conglomerados finales*

Conglomerado	1	2	3
1		26,566	80,863
2	26,566		54,640
3	80,863	54,640	

Como en el ejemplo que nos ocupa se solicitó un análisis de la varianza, éste aparece en la tabla 19.

TABLA 19: *ANOVA*

	Conglomerado		Error			
	Media cuadrática	gl	Media cuadrática	gl	F	Sig.
Número de calorías	7654,733	2	122,667	17	62,403	,000
Cantidad de sodio	100,683	2	36,564	17	2,754	,092
Gradación	3,489	2	,235	17	14,865	,000
Coste en euros	,139	2	,182	17	,764	,481

Las pruebas F sólo se deben utilizar con una finalidad descriptiva puesto que los conglomerados han sido elegidos para maximizar las diferencias entre los casos en diferentes conglomerados. Los niveles críticos no son corregidos, por lo que no pueden interpretarse como pruebas de la hipótesis de que los centros de los conglomerados son iguales.

Por último, y a modo de resumen, se presenta la información que hace referencia a cuántos individuos han sido asignados a cada uno de los conglomerados determinados, los casos que han sido considerados válidos y cuántos están perdidos (tabla 20). En nuestro caso, al primer conglomerado pertenecen dos cervezas, 12 al segundo y 6 al tercero. Mirando en la tabla 16, en la que se nos informaba de a qué conglomerado pertenecía cada cerveza, podemos concluir que la clasificación resultante obtenida es la siguiente: {*Augsberger, Kronenbourg*}, {*Becks, Budweiser, Coors, Hamms, Heilemans old, Heineken, Kirin, Michelob light, Lowenbrau, Old Milwaukee, Schlitz, Strohs Bohemian*} y {*Budweiser light, Coors light, Miller lite, Olimpia gold, Pabst extra, Schlitz light*}.

Si se analizan los resultados obtenidos para la misma matriz de datos en cualquiera de las dos tablas correspondientes a los «Conglomerados de pertenencia» de la sección 6.3.3. (tablas 11 y 12, respectivamente), se puede observar que los resultados no son los mismos. Este hecho era previsible por cuanto este Análisis de Conglomerados Mixto está diseñado para matrices de datos muy grandes y aquí hemos utilizado una matriz de datos de sólo 20 casos, a modo de ejemplo didáctico. Es claro que el análisis llevado a cabo en la sección 6 es más preciso y exacto que el desarrollado aquí.

TABLA 20: *Número de casos en cada conglomerado*

Conglomerado	**1**	2,000
	2	12,000
	3	6,000
Válidos		20,000
Perdidos		,000

8.3. CENTROS PROVISIONALES CONOCIDOS

Analicemos ahora el caso en el que supondremos conocidas las coordenadas de los centros provisionales. Si es así, deberemos elaborar un fichero que contenga tales datos para que pueda ser leído por el programa. En nuestro ejemplo, vamos a considerar que los centros son cada una de las filas de la tabla 21 y, además, supondremos que este fichero está ya almacenado en nuestro disco.

TABLA 21: *Coordenadas de los centros provisionales*

cluster_	calorías	sodio	alcohol	precio
1	140	20	7,0	3,00
2	130	15	6,0	2,0
3	120	10	5,0	1,0

Una vez elaborada la matriz de datos anterior y guardado el correspondiente fichero, editaremos los datos de las cervezas que estamos utilizando a modo de ejemplo. Hecho esto, procederemos de forma análoga a como hicimos antes para llevar a cabo el Análisis de Conglomerados Mixto. Se trata entonces de elegir las opciones Analizar, Clasificar y Conglomerado de K medias.... Hecho esto, volvemos de nuevo a marcar las variables que elegimos anteriormente y repetimos las mismas elecciones que ya hicimos en el caso anterior.

Ahora, dado que conocemos las coordenadas de los centros iniciales, indicaremos el programa SPSS/PC dónde se encuentran estos datos. Para ello, haremos «clic» en el botón Centros>> y nos aparecerá un apartado dedicado a los Centros de los conglomerados. En este caso, marcaremos la opción Leer iniciales de, con lo que se activará el botón que aparece a su derecha. Pulsando sobre este botón Archivo..., nos aparece una ventana desde la que podremos seleccionar el fichero que contiene los centros provisionales que van a ser leídos por el programa. Nos desplazaremos por la unidad de disco correspondiente hasta localizar el fichero adecuado para seleccionarlo y abrirlo. Una vez seleccionado el fichero correspondiente, su nombre aparecerá a la derecha del botón anterior. En nuestro ejemplo, además de llevar a cabo este proceso, vamos a guardar en un nuevo fichero los centros finales que se obtengan en la clasificación resultante. Para ello repetiremos las mismas acciones que hemos hecho antes, pero ahora marcando la opción Escribir finales en. En este caso habremos de elegir un nombre de fichero diferente al anterior.

Hechas las elecciones necesarias para ejecutar este análisis, pulsaremos sobre el botón Aceptar y obtendremos los resultados buscados.

A continuación vamos a presentar los resultados que se han obtenido en este nuevo estudio. En primer lugar, la tabla correspondiente a los centros provisionales es diferente, dado que en esta ocasión se los hemos proporcionado nosotros al programa. Esta tabla es la número 22.

TABLA 22: *Centros iniciales de los conglomerados*

	Conglomerado		
	1	**2**	**3**
Número de calorías	140	130	120
Cantidad de sodio	20	15	10
Gradación	7,0	6,0	5,0
Coste en euros	3,00	2,00	1,00
Entrada desde el subcomando FILE			

Por su parte, también el proceso iterativo para determinar los centros finales es diferente, dado que se parte de un conjunto inicial de centros que es diferente al considerado en el caso anterior. En esta ocasión el proceso iterativo seguido se muestra en la tabla 23.

TABLA 23: *Historial de iteraciones*

	Cambio en los centros de los conglomerados		
Iteración	**1**	**2**	**3**
1	11,508	6,670	28,205
2	2,359	5,390	,000
3	2,121	3,135	,000
4	1,512	1,276	,000
5	1,914	1,718	,000
6	1,497	1,028	,000
7	1,926	,905	,000
8	,000	,000	,000
Convergencia alcanzada debido a un cambio en la distancia nulo o pequeño. La distancia máxima en la que ha cambiado cada centro es ,000. La iteración actual es 8. La distancia mínima entre los centros iniciales es 11,269.			

Además, se puede apreciar que el número de iteraciones a realizar ha sido de 8, en lugar de las 3 que hicieron falta en el caso anterior. En cualquier caso, se ve que el proceso iterativo converge porque en la etapa octava los centros no han cambiado con relación a la séptima.

La pertenencia de cada una de las cervezas a cada uno de los tres conglomerados solicitados puede verse en la tabla 24.

TABLA 24: *Pertenencia a los conglomerados*

Número de caso	**Marca de cerveza**	**Conglomerado**	**Distancia**
1	Augsberger	1	18,383
2	Becks	2	6,304
3	Budweiser	2	4,451
4	Budweiser light	3	21,278
5	Coors	2	4,045
6	Coors light	3	11,269

TABLA 24: *Pertenencia a los conglomerados (Cont.)*

Número de caso	Marca de cerveza	Conglomerado	Distancia
7	Hamms	2	7,794
8	Heilemans old	2	4,570
9	Heineken	1	8,759
10	Kirin	1	13,352
11	Kronenbourg	1	10,946
12	Michelob light	2	12,189
13	Miller lite	3	7,204
14	Lowenbrau	1	4,355
15	Old Milwaukee	2	3,798
16	Olympia gold	3	20,278
17	Pabst extra	3	24,353
18	Schlitz	2	7,241
19	Schlitz light	3	6,092
20	Strohs Bohemian	2	9,186

Se puede apreciar que la asignación de las cervezas a los conglomerados no es la misma que la que se llevó a cabo anteriormente, aunque las diferencias son mínimas. En aquella ocasión, los conglomerados fueron los siguientes: {*Augsberger, Kronenbourg*}, {*Becks, Budweiser, Coors, Hamms, Heilemans old, Heineken, Kirin, Michelob light, Lowenbrau, Old Milwaukee, Schlitz, Strohs Bohemian*} y {*Budweiser light, Coors light, Miller lite, Olimpia gold, Pabst extra, Schlitz light*}; mientras que ahora, según la tabla 24, estos conglomerados son: {*Augsberger, Heineken, Kirin, Kronenbourg, Lowenbrau*}, {*Becks, Budweiser, Coors, Hamms, Heilemans old, Michelob light, Old Milwaukee, Schlitz, Strohs Bohemian*} y {*Budweiser light, Coors light, Miller lite, Olimpia gold, Pabst extra, Schlitz light*}. Se puede ver que el tercer conglomerado lo forman las mismas cervezas en ambas clasificaciones, mientras que los otros dos son algo diferentes. En efecto, las cervezas *Heineken, Kirin* y *Lowenbrau,* que pertenecen al segundo conglomerado en la primera clasificación, pasan, en esta segunda, a pertenecer al primero de ellos.

Los centros finales obtenidos en esta ocasión también son diferentes de los obtenidos en el apartado anterior (ver tabla 25).

TABLA 25: *Centros de los conglomerados finales*

	Conglomerado		
	1	**2**	**3**
Número de calorías	161	144	92
Cantidad de sodio	13	19	10
Gradación	5,1	4,6	3,6
Coste en euros	1,88	1,37	1,32

Estos datos coinciden con los contenidos en el fichero en el que se almacenaron los centros finales. En efecto, basta editar dicho fichero para ver que su contenido es el de la tabla 26.

TABLA 26: *Centros finales guardados*

cluster_	calorías	sodio	alcohol	precio
1	161	13	5,1	1,88
2	144	19	4,6	1,37
3	92	10	3,6	1,32

Las distancias entre estos nuevos centros finales se puede apreciar en la tabla 27.

TABLA 27: *Distancias entre los centros de los conglomerados finales*

Conglomerado	1	2	3
1		18,175	68,829
2	18,175		52,777
3	68,829	52,777	

Como también se ha solicitado el análisis de la varianza, en previsión de que los conglomerados resultantes fueran diferentes, este resultado se presenta en la tabla 28.

TABLA 28: *ANOVA*

	Conglomerado		Error			
	Media cuadrática	gl	Media cuadrática	gl	F	Sig.
Número de calorías	7507,606	2	139,976	17	53,635	,000
Cantidad de sodio	173,347	2	28,015	17	6,188	,010
Gradación	3,526	2	,230	17	15,305	,000
Coste en euros	,532	2	,136	17	3,924	,040

Las pruebas F sólo se deben utilizar con una finalidad descriptiva puesto que los conglomerados han sido elegidos para maximizar las diferencias entre los casos en diferentes conglomerados. Los niveles críticos no son corregidos, por lo que no pueden interpretarse como pruebas de la hipótesis de que los centros de los conglomerados son iguales.

Finalmente, la tabla 29, que expresa cuántos individuos hay en cada caso, muestra la situación que ya se ha comentado anteriormente.

TABLA 29: *Número de casos en cada conglomerado*

Conglomerado	**1**	5,000
	2	9,000
	3	6,000
Válidos		20,000
Perdidos		,000

8.4. EJEMPLO CON MATRIZ DE DATOS GRANDE

En los dos estudios anteriores se ha utilizado una matriz de datos muy pequeña, de sólo 20 individuos, lo que no permite apreciar con claridad la ventaja de este método mixto. Por ello, en este apartado vamos a utilizar una matriz de datos algo más grande, de modo que no sólo llevemos a cabo un Análisis de Conglomerados Mixto, sino que también lleguemos a obtener una clasificación jerárquica de los individuos. Para ello recurriremos al método de Lebart que se ha presentado en la sección 7.3. Es decir, llevaremos a cabo varias particiones base, luego determinaremos los grupos estables de individuos y, finalmente, procederemos a obtener una clasificación jerárquica de los individuos utilizando estos grupos estables. En este caso, recurriremos a otras herramientas del paquete SPSS/PC para poder llevar a cabo las tablas cruzadas que se deben llevar a cabo.

8.4.1. *Matriz de datos*

La matriz de datos que vamos a utilizar para construir nuestra propia matriz de datos es una de las que se incluye con el propio programa SPSS/PC y que se guarda en el disco después de instalar el programa. Los datos están almacenados en el fichero «Encuesta general USA 1991». Para elaborar nuestra matriz de datos vamos a considerar algunos de los casos de la matriz original y sólo algunas de las variables.

En primer lugar, vamos editar la matriz de datos que corresponde al fichero mencionado y vamos a borrar algunas de la variables de esta matriz, de modo que sólo nos quedaremos inicialmente con las 12 primeras (para borrar una variable basta con hacer «clic» sobre el botón que contiene el nombre de la variable en cuestión y o bien elegir dentro del menú Edición la opción Eliminar; o bien pulsar sobre la tecla <Retroceso> o sobre la tecla <Suprimir>). Luego borraremos las variables *región*, *feliz* y *vida*. De este modo nos quedaremos con las siguientes variables: *sexo* (Sexo del encuestado: «1» para Hombre y «2» para Mujer), *raza* (Raza del encuestado: «1» para blanca, «2» para Negra y «3» para Otra), *hermanos* (Número de hermanos y hermanas), *hijos* (Número de hijos), *edad* (Edad del encuestado), *educ* (Número de años de escolarización), *educpad* (Número de años de escolarización del padre), *educmad* (Número de años de escolarización de la madre), *educesp* (Número de años de escolarización del cónyuge). Como no tenemos ninguna variable que nos etiquete los casos, podemos crearnos una de forma un tanto artificiosa, por ejemplo, eligiendo en el menú Datos la opción Definir fechas... y dentro de la ventana que aparece en la parte izquierda, elegir Segundos. Hecho esto se elige en la parte derecha dentro de la sección destinada a El primer caso es: el valor 1 y luego pulsamos sobre el botón Aceptar. Entonces el programa crea dos nuevas variables, que llama *second_* y *date_*. Cualquiera de ellas nos sirve para identificar a los casos puesto que van desde el 1 hasta el 1517. Borramos una cualquiera de ellas y a la otra le podemos asignar el valor *caso* (Número de orden).

Así pues, ya tenemos una matriz de 1517 casos con 10 variables. Sin embargo, en la matriz original hay algunas variables que están codificadas y cuya codificación puede desvirtuar el proceso que vamos a seguir, de modo que vamos a eliminar los casos que correspondan a codificaciones que no necesitemos. Por ejemplo, la variable *educ* (Número de años de escolarización) está codificada de modo que los valores 97, 98 y 99 corresponden a las respuestas «No procede», «No sabe» y «No contesta», respectivamente. Para eliminar estos casos procedemos de la siguiente manera: se elige el menú Datos de la barra de menús y dentro de él la opción Seleccionar casos.... En la ventana que aparece se pulsa sobre la opción Si se satisface la condición, con lo que el botón Si... que aparece debajo se activa. Al pulsar sobre este botón se llega a una nueva ventana en la que se van a indicar las condiciones que deben cumplir los valores de las variables para que se seleccionen los casos correspondientes. La primera condición a imponer es que el número de hermanos sea menor que 98, para lo que se selecciona la variable *hermanos* que está en la ventana de la izquierda, y se pulsa sobre la flecha que aparece a la derecha para trasladar esta variable a la ventana superior. A continuación se pulsa sobre el operador correspondiente (en este caso <) y luego se escribe, pulsando sobre los números correspondientes, o el valor deseado (aquí es 98). Como la condición no es sólo sobre una variable sino sobre varias, se pulsa sobre el condicional Y (&) y se prosigue. Las condiciones a verificar son: *hermanos < 98 & hijos < 9 & edad < 98 & educ < 97 & educpad < 97 & educmad < 97 & educesp < 97.*

Una vez que se ha escrito la condición o condiciones que deben verificar los casos que interesan, se pulsa sobre el botón Continuar. Finalmente, se elige, en la ventana a la que se vuelve, la opción Eliminados dentro del recuadro que corresponde a Los casos no seleccionados son y se hace «clic» sobre el botón Aceptar. Al regresar a la matriz de datos, se han eliminado los casos que no nos interesaban, con lo que aparece una matriz de 534 casos. Se debe observar que la variable *casos* contiene el número de orden de cada uno de los casos con relación a la matriz original, es decir, la numeración es ascendente, pero no va desde el 1 al 1517, puesto que se han eliminado muchos casos intermedios. Se podría haber generado esta variable en este momento en lugar de haberlo hecho cuando se hizo, con lo que sus valores irían desde el 1 hasta el 534. Después de preparar la matriz de datos, conviene almacenarla en el disco duro para posteriores usos.

8.4.2. *Particiones base*

Una vez que se dispone de la matriz de datos, vamos a proceder a determinar las particiones base de la misma. Según el criterio que apuntamos en el epígrafe 7.3.3., como la matriz tiene 534 casos, podemos llevar a cabo 4 particiones con 5 centros en cada una, lo que nos proporcionaría un total de $5^4 = 625$ posibles celdillas en la tabla cruzada para la determinación de los grupos estables (que son más que el número de individuos). Sin embargo, como parece que el número de centros son pocos, sería preferible determinar 3 particiones con 8 centros para cada una de ellas, lo que proporcionaría $8^3 = 512$ celdillas en la tabla cruzada, que son algunas menos que el número de casos. Además, tiene la ventaja de que el número de centros considerados inicialmente es mayor, por lo que el número de particiones es más pequeño.

Para llevar a cabo cada una de las tres particiones base vamos a considerar tres conjuntos diferentes de centros. En la primera, dejaremos que sea el propio programa quien seleccione los ocho centros; para la segunda podemos elegir como centros provisionales los primeros ocho casos de la matriz de datos; y para la tercera, elegiremos los ocho últimos casos. Dado que ya hemos comentado cómo se lleva a cabo la determinación de las particiones base, y que sólo consiste en ejecutar un Análisis de Conglomerados Mixto sobre el programa SPSS/PC, nos limitaremos a señalar alguna elección diferente a las que se han ejecutado anteriormente, como por ejemplo, que es conveniente para los procesos y cálculos posteriores, guardar como nuevas variables las diferentes asignaciones de cada uno de los individuos a los diferentes grupos obtenidos para cada una de las particiones, de modo que podamos cruzar estos datos más adelante.

Para cada una de las particiones se procede de forma análoga, salvo que para las dos últimas hay que elegir el botón Centros>> e indicar los ficheros que contienen las coordenadas de los centros provisionales. En las particiones se eligen todas las variables para el estudio, dejando como variable de etiquetado la que hemos creado: *casos*. Como Método usaremos Iterar y clasificar, el Número de conglomerados a obtener será de 8. En Iterar... seleccionaremos 15 como N° máximo de iteraciones en lugar de las 10 ofrecidas por defecto. En Guardar... marcaremos Conglomerado de pertenencia para almacenar el número del conglomerado al que se asigna cada caso. Finalmente, en Opciones... elegiremos Centros de conglomerados iniciales dentro del recuadro de Estadísticos y dentro del de Valores perdidos marcaremos Excluir casos según lista.

Una vez llevada a cabo la primera partición, se obtienen los siguientes resultados.

TABLA 30: *Centros iniciales de los conglomerados*

	Conglomerado							
	1	2	3	4	5	6	7	8
Sexo del encuestado	2	2	2	2	2	2	1	2
Raza del encuestado	1	1	1	1	1	1	1	1
Número de hermanos y hermanas	7	4	26	5	4	6	2	3
Número de hijos	3	5	2	2	8	0	1	0
Edad del encuestado	76	54	34	66	89	53	43	21
Número de años de escolarización	14	13	14	14	0	3	18	15
Número de años de escolarización del padre	3	0	18	19	0	0	16	16
Número de años de escolarización de la madre	5	8	12	16	0	0	12	18
Número de años de escolarización del cónyuge	19	20	12	16	3	0	14	13

Se puede observar, en la tabla 30, que los centros seleccionados por el programa siguen la tónica ya señalada anteriormente.

TABLA 31: *Historial de iteraciones*

	Cambio en los centros de los conglomerados							
Iteración	1	2	3	4	5	6	7	8
1	9,960	9,741	12,821	9,067	7,616	9,447	6,639	9,484
2	,820	2,510	4,627	,751	2,189	,000	,344	1,339
3	,835	1,353	3,007	,587	4,208	2,619	,498	,330
4	,291	1,131	1,519	,464	,000	2,423	,446	7,710E-02
5	,913	,495	1,607	,709	,000	1,952	,622	5,977E-02
6	,580	,634	,878	1,150	1,271	1,294	,540	,199
7	,230	,460	,752	,439	,000	,984	,385	,163
8	,166	,261	,490	,358	,000	,471	,244	,125
9	,307	,296	,292	,000	1,322	,225	,360	8,656E-02
10	,198	,245	,263	,000	,000	,425	,263	9,944E-02
11	,235	,122	6,950E-02	,283	,000	,244	,196	8,392E-02
12	,000	,115	,169	,163	,000	,204	,219	,000
13	,000	,000	,000	,000	,000	,000	,000	,000

Convergencia alcanzada debido a un cambio en la distancia nulo o pequeño. La distancia máxima en la que ha cambiado cada centro es ,000. La iteración actual es 13. La distancia mínima entre los centros iniciales es 21,794.

En esta ocasión, se aprecia cómo 10 iteraciones no son suficientes para que el proceso del algoritmo converja, de ahí que se hayan solicitado más iteraciones (ver tabla 31). En la tabla 32 se presentan los centros finales.

TABLA 32: *Centros de los conglomerados finales*

	Conglomerado							
	1	**2**	**3**	**4**	**5**	**6**	**7**	**8**
Sexo del encuestado	1	2	2	1	2	2	2	2
Raza del encuestado	1	1	1	1	1	1	1	1
Número de hermanos y hermanas	3	3	5	3	6	5	3	4
Número de hijos	3	3	2	3	3	3	2	1
Edad del encuestado	71	49	38	62	82	58	38	28
Número de años de escolarización	13	14	13	15	8	11	15	14
Número de años de escolarización del padre	8	10	8	11	4	6	14	13
Número de años de escolarización de la madre	9	11	9	12	4	7	13	12
Número de años de escolarización del cónyuge	12	13	12	15	8	11	15	14

Finalmente, en la tabla 33 se obtiene el número de casos que es asignado a cada uno de los ocho conglomerados.

TABLA 33: *Número de casos en cada conglomerado*

Conglomerado	**1**	41,000
	2	104,000
	3	76,000
	4	40,000
	5	9,000
	6	31,000
	7	110,000
	8	123,000
Válidos		534,000
Perdidos		,000

Después de haber ejecutado el procedimiento anterior, se observa que en la matriz de datos se ha creado una nueva variable, llamada *qcl_1*, cuya etiqueta es «Número inicial de casos» (el nombre de la variable hace referencia a las iniciales del procedimiento utilizado en el programa SPSS/PC: Quick CLuster). Dado que luego se van a crear otras dos variables similares a ésta, vamos a modificar su etiqueta para que no haya confusiones. Para ello hacemos «clic» sobre el botón que corresponde a esta variable y seleccionamos el botón correspondiente a Etiquetas..., a continuación escribiremos en el recuadro Etiqueta de variable: «Partición base 1» y pulsaremos sobre el botón Continuar, para pulsar luego sobre el botón Aceptar. Esta variable contiene el valor del conglomerado a que cada individuo es asignado en esta primera partición base.

Procediendo de forma similar se obtienen los siguientes resultados para las otras dos particiones base.

Los centros provisionales para la segunda partición son los ocho primeros individuos de la matriz de datos (tabla 34), como ya se indicó.

TABLA 34: *Centros iniciales de los conglomerados*

	Conglomerado							
	1	**2**	**3**	**4**	**5**	**6**	**7**	**8**
Sexo del encuestado	2	1	2	2	1	1	2	2
Raza del encuestado	1	1	1	1	1	1	2	2
Número de hermanos y hermanas	2	2	1	2	1	6	12	5
Número de hijos	1	1	2	5	0	2	2	0
Edad del encuestado	32	35	64	67	33	77	52	28
Número de años de escolarización	20	20	14	12	15	9	14	12
Número de años de escolarización del padre	20	16	8	8	11	0	8	12
Número de años de escolarización de la madre	18	14	12	8	12	0	12	14
Número de años de escolarización del cónyuge	20	17	20	13	14	8	8	11
Entrada desde el subcomando FILE								

El proceso iterativo seguido por el algoritmo es el que se refleja en la tabla 35. Como se puede apreciar, el número de iteraciones necesarias para que el proceso converja ha sido de 12.

TABLA 35: *Historial de iteraciones*

	Cambio en los centros de los conglomerados							
Iteración	**1**	**2**	**3**	**4**	**5**	**6**	**7**	**8**
1	4,859	6,753	7,513	2,814	5,032	7,403	9,106	3,302
2	2,823	1,518	1,308	,635	,661	1,599	1,094	1,169
3	1,223	,958	1,011	,176	,463	,000	,521	,509
4	,946	,551	,912	,283	,169	,000	,447	,421
5	,555	,287	,445	,139	,125	,000	,423	,353
6	,321	,233	,186	,160	,348	,000	,514	,359
7	,000	,439	,292	,123	,321	,000	,375	,146
8	,136	,267	,000	,000	,256	,000	7,806E-02	8,771E-02
9	,118	,115	,000	,000	,108	,000	,148	7,530E-02
10	,000	,000	,000	,000	6,029E-02	,000	8,615E-02	,000
11	,000	7,728E-02	,000	,000	5,807E-02	,000	,000	,000
12	,000	,000	,000	,000	,000	,000	,000	,000

Convergencia alcanzada debido a un cambio en la distancia nulo o pequeño. La distancia máxima en la que ha cambiado cada centro es ,000. La iteración actual es 12. La distancia mínima entre los centros iniciales es 7,141.

La lista de los centros finales que se obtiene después del algoritmo de los centros móviles aparece en la tabla 36.

TABLA 36: *Centros de los conglomerados finales*

	Conglomerado							
	1	**2**	**3**	**4**	**5**	**6**	**7**	**8**
Sexo del encuestado	2	2	2	1	2	2	1	2
Raza del encuestado	1	1	1	1	1	1	1	1
Número de hermanos y hermanas	4	3	3	3	4	5	5	4
Número de hijos	1	2	3	3	2	3	3	1
Edad del encuestado	31	44	58	69	36	81	47	27
Número de años de escolarización	16	15	14	13	13	9	13	13
Número de años de escolarización del padre	16	13	11	8	11	5	7	11
Número de años de escolarización de la madre	14	13	11	8	11	5	9	11
Número de años de escolarización del cónyuge	16	15	14	12	13	8	12	13

Finalmente, el número de individuos asignado a cada uno de los conglomerados se presenta en la tabla 37. Se puede ver que no parece haber mucha relación entre el número de individuos que hay en cada uno de los conglomerados según esta clasificación y los que había en la clasificación anterior.

TABLA 37: *Número de casos en cada conglomerado*

Conglomerado	**1**	47,000
	2	87,000
	3	54,000
	4	63,000
	5	116,000
	6	11,000
	7	81,000
	8	75,000
Válidos		534,000
Perdidos		,000

Dado que las salidas para la tercera partición no son muy diferentes, en cuanto a procedimiento, que las presentadas hasta ahora, nos limitaremos a incluirlas a continuación (tablas 38 a 41).

TABLA 38: *Centros iniciales de los conglomerados*

	Conglomerado							
	1	**2**	**3**	**4**	**5**	**6**	**7**	**8**
Sexo del encuestado	2	1	1	1	1	1	1	2
Raza del encuestado	1	1	1	1	1	1	1	1
Número de hermanos y hermanas	4	3	2	13	6	4	5	4
Número de hijos	5	2	3	3	0	0	4	3
Edad del encuestado	66	33	51	42	35	35	70	47
Número de años de escolarización	12	12	12	12	12	12	12	12
Número de años de escolarización del padre	12	12	8	8	10	8	7	12
Número de años de escolarización de la madre	12	12	8	12	12	8	6	12
Número de años de escolarización del cónyuge	12	16	12	12	12	14	14	13
Entrada desde el subcomando FILE								

TABLA 39: *Historial de iteraciones*

	Cambio en los centros de los conglomerados							
Iteración	**1**	**2**	**3**	**4**	**5**	**6**	**7**	**8**
1	3,842	3,959	2,480	3,218	2,298	2,699	3,940	3,529
2	,996	1,905	,770	2,566	1,391	1,210	1,124	1,248
3	,387	1,103	,237	,461	1,035	,529	,474	,374
4	,000	1,175	,258	,558	1,053	,436	,000	,183
5	,000	,349	,160	,766	,477	,400	,000	9,355E-02
6	,000	,348	,124	,509	,464	,331	,000	,231
7	,158	,258	,149	,000	,301	,203	,000	,229
8	,000	5,837E-02	,000	,348	,149	,136	,000	,114
9	,000	,000	,000	,753	5,500E-02	,275	,000	,000
10	,000	,000	,123	,795	7,160E-02	,114	,000	7,044E-02
11	,000	,000	,000	,000	,000	,131	,000	8,305E-02
12	,000	,000	,000	,000	,000	,000	,000	,000

Convergencia alcanzada debido a un cambio en la distancia nulo o pequeño. La distancia máxima en la que ha cambiado cada centro es ,000. La iteración actual es 12. La distancia mínima entre los centros iniciales es 5,292.

TABLA 40: *Centros de los conglomerados finales*

	Conglomerado							
	1	**2**	**3**	**4**	**5**	**6**	**7**	**8**
Sexo del encuestado	1	2	1	2	2	2	1	2
Raza del encuestado	1	1	1	1	1	1	1	1
Número de hermanos y hermanas	3	4	4	11	3	3	4	3
Número de hijos	3	1	3	2	2	2	3	2
Edad del encuestado	63	27	51	38	35	38	73	44
Número de años de escolarización	14	14	13	13	15	13	11	15
Número de años de escolarización del padre	11	13	8	8	13	7	6	13
Número de años de escolarización de la madre	11	12	9	8	12	9	7	12
Número de años de escolarización del cónyuge	14	13	12	11	14	13	10	15

TABLA 41: *Número de casos en cada conglomerado*

Conglomerado	**1**	61,000
	2	91,000
	3	71,000
	4	18,000
	5	107,000
	6	55,000
	7	44,000
	8	87,000
Válidos		534,000
Perdidos		,000

Recordemos que para cada una de las dos particiones anteriores se han creado sendas variables, *qcl_2* y *qcl_3*, que contienen, respectivamente, los valores de los conglomerados a los que cada uno de los individuos es asignado para cada una de las dos particiones (las etiquetas de estas dos variables se deben modificar de forma similar a como se hizo con la variable *qcl_1*).

8.4.3. *Grupos estables*

Para la determinación de los grupos estables utilizamos las tres asignaciones que cada individuo posee, en función de las variables *qcl1*, *qcl2* y *qcl_3*, y que señalan el número del conglomerado a que cada caso es asignado en cada una de las particiones base. Para determinar qué individuos pertenecen a los mismos conglomerados en cada una de las particiones base, basta con cruzar las tres variables mencionadas, lo que nos proporcionará la lista de los individuos buscados. Dicha tabla se puede obtener mediante un procedimiento del programa SPSS/PC.

El procedimiento para obtener la tabla cruzada tridimensional consiste en elegir el menú Analizar de la barra de menús. Dentro de él, se selecciona la opción Estadísticos descriptivos. Entonces aparece un nuevo menú, del que se elige la opción Tablas de contingencia.... Dentro de la ventana que nos aparece a continuación se pueden elegir diferentes posibilidades, pero en nuestro caso sólo queremos el recuento de los individuos que tienen los mismos valores según las tres variables creadas a la hora de determinar las particiones base. Por esta razón, en la ventana correspondiente a las

Filas incluiremos la variable *qcl_1*, en la ventana de las Columnas colocaremos la variable *qcl_2* y en la ventana de la Capa 1 de 1 seleccionaremos la variable *qcl_3*. No elegiremos ninguna de las opciones disponibles en el botón Estadísticos.... En el botón Casillas... seleccionaremos dentro del recuadro de Frecuencias las Observadas; y dentro del botón Formato... marcaremos como Orden de las filas el Ascendente. Hecho todo esto, haremos «clic» sobre el botón Aceptar y obtendremos la tabla cruzada que aparece en la tabla 42.

TABLA 42: *Tabla de contingencia Partición base 1 × Partición base 2 × Partición base 3*

			Partición base 2								**Total**
Partición base 3			**1**	**2**	**3**	**4**	**5**	**6**	**7**	**8**	
1	**Partición base 1**	**1**				10					10
		4			25	14					39
		6			6	6					12
2	**Partición base 1**	**8**	20							71	91
3	**Partición base 1**	**2**			15				40		55
		4			1						1
		6			6				9		15
4	**Partición base 1**	**3**	1				8		8	1	18
5	**Partición base 1**	**3**					7				7
		7	14	8			46				68
		8	12				19			1	32
6	**Partición base 1**	**2**							2		2
		3		2			35		12	2	51
		7		1			1				2
7	**Partición base 1**	**1**				29		2			31
		5						9			9
		6				4					4
8	**Partición base 1**	**2**		36	1				10		47
		7		40							40

Como se puede apreciar en la tabla 42, el número de grupos que se ha obtenido es de 38, cuando en teoría podrían haber sido $8^3 = 512$. Este hecho pone de manifiesto que se han determinado agrupaciones de individuos que son estables, es decir, se ha llevado a cabo una primera agrupación de los casos originales.

8.4.4. *Clasificación jerárquica*

Por no extendernos demasiado en este apartado, señalaremos que el proceso continuaría con un Análisis de Conglomerados tradicional, pero utilizando ahora como individuos las medias de cada uno de los 38 grupos estables que se acaban de obtener. Es decir, según la tabla 42, existen 10 individuos (ver la primera línea de datos) que pertenecen simultáneamente al primer grupo de la partición base 3, al grupo 4 de la partición base 2 y al grupo 1 de la partición base 1. De forma similar, asignados al grupo 1 de la partición base 3, al grupo 3 de la partición base 2 y al grupo 4 de la partición base 1, hay 25 casos. Pues bien, para cada uno de estos grupos se calcula la media de los individuos que están incluidos en él, con lo que se obtendrían 38 nuevos individuos, y sobre estos nuevos casos se llevaría a cabo un Análisis de Conglomerados, lo que proporcionaría una clasificación jerárquica de dichos grupos estables, y por tanto, de la matriz de datos original.

9

LAS CARAS DE CHERNOFF Y LOS CONGLOMERADOS

Además de las diferentes representaciones que se pueden llevar a cabo con los programas estadísticos habituales, es posible utilizar otro tipo de procedimientos gráficos como son las caras de Chernoff.

Chernoff (1973) describe un método que puede ser utilizado para investigar datos en la formación de conglomerados. Las *caras de Chernoff* son un procedimiento gráfico que permite representar cada observación de un espacio p-dimensional por medio del dibujo de una cara con p características. Para esta representación se asigna a cada una de las variables de las observaciones originales una característica facial determinada (forma del cabello, trama del mismo, forma de la barbilla, de la boca, de la cejas, etc.). Una vez hecha dicha asignación, la muestra de datos se representa por una colección de caras. De este modo se puede realizar una agrupación de los individuos en grupos similares, sin más que agrupar las caras que se parezcan.

Desde la presentación del método por Chernoff, se han llevado a cabo algunas extensiones del mismo. Aquí vamos a utilizar la extensión debida a Flury y Riedwyl (1981), que consiste en representar no sólo caras más realistas, sino también la posibilidad de que tales caras sean asimétricas.

Este método ha sido utilizado para describir y estudiar diferentes tipos de problemas, como controles de calidad, censos, contabilidad, etc. (véase Flury y Riedwyl, 1983).

Utilizando las caras de Chernoff es posible representar, en cualquier investigación, una cara simétrica para cada uno de los individuos, utilizando los datos originales. Posteriormente, se puede representar una cara simétrica para cada uno de los posibles conglomerados resultantes, así como otra cara para la media de todos los individuos. Finalmente, se podrían representar caras asimétricas con el objeto de comparar, más directamente, la cara correspondiente a cada uno de los individuos con la cara correspondiente a la media total de la muestra, o con la cara que corresponde a la media del conglomerado al que pertenece. También es posible utilizar estas caras asimétricas para representar en una mitad las características correspondientes a un determinado conglomerado y en la otra mitad las características de la media de la muestra. Con cualquiera de estas representaciones se pueden hacer comparaciones que pueden resultar muy interesantes.

Aquí vamos a utilizar el programa (bajo MS-DOS) ASYMFACE (Schüpbach, 1984, 1987) del Institut für Mathematische Statistik und Versicherungslehre de la Universidad de Berna y su programación se basa en la determinación de un número de puntos variable para cada uno de los diferentes rasgos de la cara (Flury, 1980). Las variables de cada una de las caras que se pueden asignar a cada una de las variables presentes en un estudio son las 18 que aparecen en la tabla 43.

TABLA 43: *Características y variables del programa ASYMFACE*

Característica	**Variable**	**Abreviatura**
Tamaño del ojo	EYe SIze	EYSI
Tamaño de la pupila	PUpil SIze	PUSI
Posición de la pupila	POsition of PUpil	POPU
Inclinación del ojo	EYe SLant	EYSL
Posición horizontal del ojo	Horizontal Position of EYe	HPEY
Posición vertical del ojo	Vertical Position of EYe	VPEY
Curvatura de la ceja	CUrvature of EyeBrow	CUEB
Densidad de la ceja	Density of EyeBrow	DEEB
Posición horizontal ceja	Horizontal Position of EyeBrow	HPEB
Posición vertical ceja	Vertical Position of EyeBrow	VPEB
Línea superior del pelo	UPper HAir line	UPHA
Línea inferior del pelo	LOwer HAir line	LOHA
Línea de la cara	FAce Line	FALI
Oscuridad del pelo	Darkness of HAir	DAHA
Inclinación del pelo	Hair Shading SLant	HSSL
Línea de la nariz	NOSE line	NOSE
Tamaño de la boca	SIze of MOuth	SIMO
Curvatura de la boca	CUrvature of MOuth	CUMO

Las representación de la cara que se muestra en la figura 45 se ha obtenido por medio del programa anterior y representa una cara simétrica, que podría pertenecer a cualquiera de los individuos de alguno de los ejemplos que hemos tratado a lo largo de esta monografía.

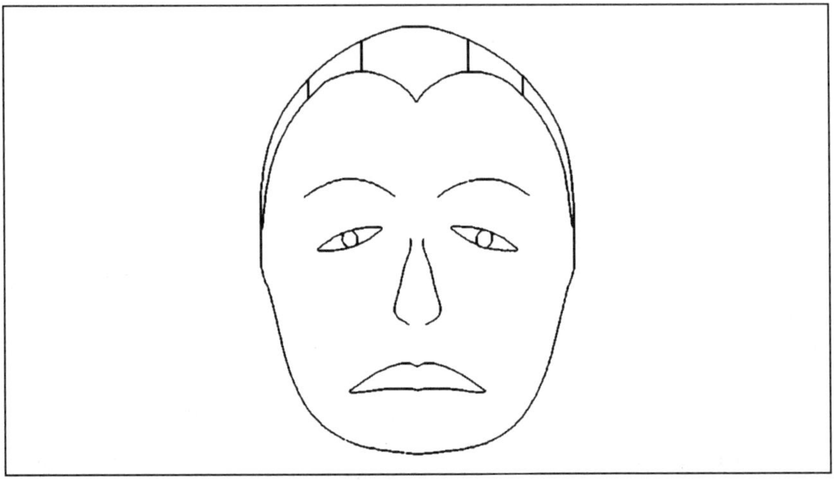

Figura 45. Ejemplo de cara de Chernoff.

Para comprender mejor las posibilidades de representar individuos mediante las caras de Chernoff y de este programa en particular, mostramos a continuación varias imágenes (figuras 46, 47 y 48) en las que se pueden apreciar los valores máximos y mínimos que pueden tomar cada una de las 18 variables mencionadas más arriba. Estos valores extremos se pueden apreciar mediante caras asimétricas, de modo que los valores máximos para cada variable se muestran en la parte izquierda de cada una de las caras, mientras que los mínimos aparecen en la parte derecha las mismas. Así, por ejemplo, en la primera de las caras de la figura 46 se puede ver cómo la parte izquierda de la cara (según se la mira) contiene un ojo muy abierto, mientras que la parte derecha tiene el ojo completamente cerrado (la variable que se representa en esta cara es EYSI, que corresponde con el tamaño del ojo). Por su parte, la última cara de la misma figura contiene los valores extremos para la posición vertical del ojo: muy arriba, de modo que toca con la ceja, o muy abajo.

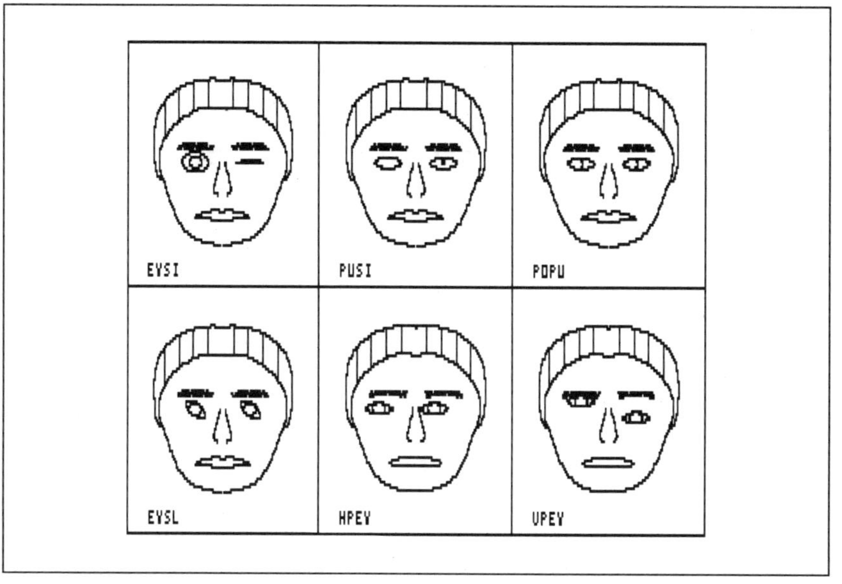

FIGURA 46: *Ejemplos de valores máximos y mínimos de caras de Chernoff.*

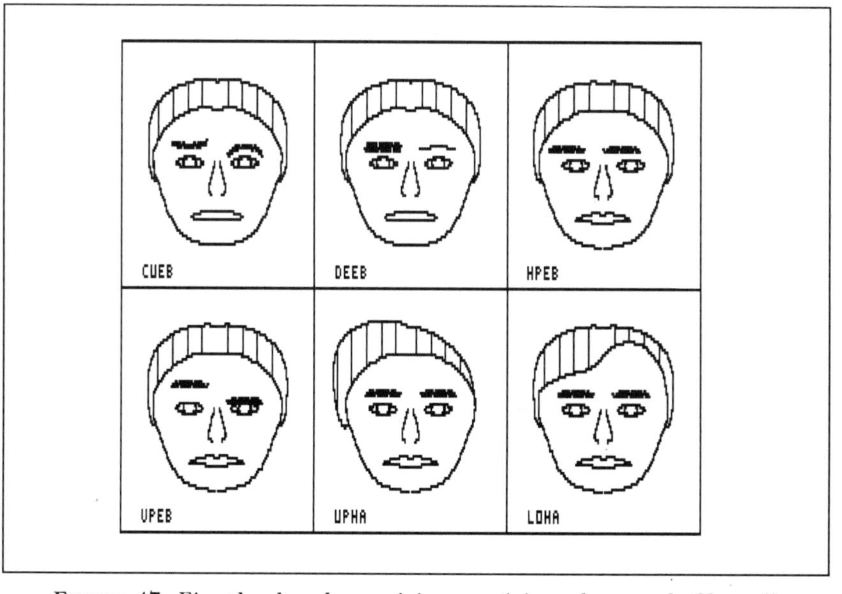

FIGURA 47. *Ejemplos de valores máximos y mínimos de caras de Chernoff.*

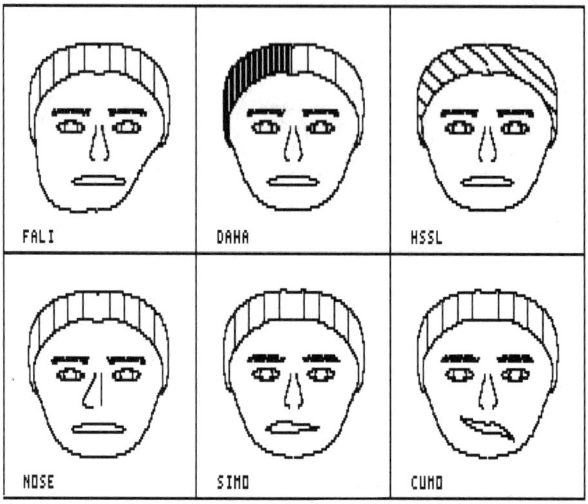

FIGURA 48: *Ejemplos de valores máximos y mínimos de caras de Chernoff*

10

TRANSFORMACIONES DE LOS DATOS

Para terminar esta monografía dedicada a la Taxonomía Numérica, vamos a tratar brevemente un aspecto que no siempre recibe la atención que se merece. Nos referimos a la necesidad que surge algunas veces de transformar los datos porque la matriz original puede estar formada por valores que no conduzcan de forma adecuada a una clasificación correcta.

Algunos autores (véase Kendall *et al.*, 1966; Sneath y Sokal, 1973; Le Maitre, 1982) señalan la conveniencia de transformar, en determinadas ocasiones, los datos originales. Entre otras razones, apuntan la necesidad de que la distribución de frecuencias de los datos con los que se va a trabajar se asemeje a una distribución de frecuencias normal (uni o multivariante) y a la necesidad de estabilizar las varianzas de las variables, pues a menudo se utilizan tests que requieren alguna de estas dos características.

Este problema es, si cabe, más acusado cuando los datos están expresados en proporciones de suma constante. En este caso, como ya se comentó al inicio de esta monografía, a las dificultades que acabamos de mencionar se une la que surge de la gran correlación que existe entre las variables originales. Téngase en cuenta que si los datos vienen dados como porcentajes, por ejemplo, el valor que una cualquiera de las variables tome sobre un determinado individuo condiciona fuertemente el valor que tomarán sobre el mismo individuo las restantes variables.

Se han propuesto numerosas soluciones a este problema, así, Aitchinson (1984) sugirió algunas soluciones en datos de suma constante para varios análisis estadísticos de datos geoquímicos, pero no para el Análisis de Conglomerados. Otros geólogos (véase Whitten *et al.*, 1987) sugieren asignar diferentes pesos disimilares para cada variable química y geográfica. Sin embargo, también apuntan que dichas asignaciones pueden estar basadas en experiencias personales o en prejuicios.

Le Maitre (1982) apunta tres posibles transformaciones de los datos, una por medio del logaritmo, otra por la raíz cuadrada y una tercera por medio de la función arcoseno.

Sneath y Sokal (1973) hacen un repaso más general y presentan una serie de transformaciones propuestas por diferentes autores. Entre ellas podemos mencionar la estandarización (por columnas) de los datos, es decir, transformarlos de modo que pasen a tener media 0 y varianza 1; la doble estandarización (por filas y columnas); la división de cada valor por el máximo, de modo que los datos pasen a tener valores entre 0 y 1, pero que no modifica la variabilidad relativa, etc.

Chayes (1967) estudió más a fondo el problema de los datos químicos de suma constante y propuso una transformación que tiene en cuenta la realidad de dichos datos. Se trata de llevar a cabo una transformación de modo que la variable que presenta mayores porcentajes se compare con el porcentaje que representaría cada una de las demás, si ésta no estuviera presente.

Kendall *et al.* (1966) proponen dos transformaciones para estabilizar las varianzas de las variables, una por medio del arcoseno y la otra por el logaritmo.

A modo de resumen, destacamos y comentamos las transformaciones más importantes:

10.1. Transformación por arcoseno

La transformación de los datos por medio de la función arcoseno hace que la gran varianza existente entre las variables originales se estabilice. La transformación siguiente sigue la expresión propuesta por Kendall *et al.* (1966), donde las y_i son las nuevas variables, las x_i las originales y donde x_i / n es la proporción observada:

$$y_i = \text{arcsen}\ ((x_i\ /\ n)^{1/2}), \quad i \geq 1.$$

Para esta transformación, Anscombe (1948) propone una ligera modificación, que consiste en sustituir x / n por $(x + 3/8) / (n + 3/4)$.

Esta transformación de los datos puede llevarse a cabo sin dificultad utilizando el mismo programa estadístico que hemos empleado hasta ahora, el SPSS/PC. Para ello basta con editar la matriz de datos del ejemplo de las cervezas, por ejemplo y seleccionar la opción Transformar de la barra de menús y luego elegir Calcular.... Hecho esto, aparece una ventana en la que se puede definir una nueva variable. Esta ventana es muy similar a la que apareció cuando seleccionamos la opción de Seleccionar casos... dentro del menú Datos. Se puede observar que en la parte superior izquierda de la ventana aparece un recuadro, Variable de destino, en el que se puede escribir el nombre de la nueva variable. Aquí escribiremos, por ejemplo, *arcoseno*. Una vez hecho esto, se pueden definir las características de esta variable sin más que pulsar sobre el botón que aparece debajo: Tipo y etiqueta.... Por ejemplo, se puede definir como etiqueta de esta variable su expresión, es decir, arcsen(sqrt(alcohol/n)). Posteriormente se debe escribir en el recuadro de la derecha la operación o Expresión numérica que se va a llevar a cabo para definir la nueva variable. Dado que el número de individuos de la muestra en este ejemplo es $n = 20$, podemos modificar la variable *alcohol*, de modo que la nueva variable será:

$$arcoseno = \text{arcsen}(\text{sqrt}(alcohol/20)).$$

Para definir la expresión numérica anterior bastará con ir seleccionando los elementos que la definen, de forma adecuada. Así, en el cuadro Funciones:, que aparece en la parte derecha de la ventana, se selecciona la función arcoseno, ARSIN(expr_num), y se pulsa en la flecha que señala hacia arriba para que esta función se escriba en el recuadro Expresión numérica. En este recuadro aparecerá escrito ARSIN(?). A continuación se repite la misma operación con la función raíz cuadrada, SQRT(expr_num). Después basta con seleccionar la variable *alcohol* y pulsar en la flecha que está a su derecha para que esta variable se coloque en la expresión que se está definiendo. Hecho esto, se hace «clic» sobre el símbolo de la división, /, y luego se escribe el valor correspondiente al número de casos: 20. Finalmente se pulsa sobre el botón Aceptar, y al regresar a la matriz de datos se observa que se ha definido una nueva variable, tal y como se deseaba.

10.2. Transformación de Chayes

Si una de las variables es mucho mayor que las restantes (caso de la sílice en análisis químicos de rocas, por ejemplo, dado que es el compuesto más abundante), Chayes (1967) propuso dejar invariante el valor de la variable mayor y modificar el resto de ellas de modo que en lugar de comparar los porcentajes originales, se compare el valor de la mayor con el porcentaje que tendría cada una de las restantes variables si su suma fuera de nuevo 100. A la transformación propuesta se añade el que los porcentajes se expresen en tantos por 1. Como antes, en esta transformación denotamos por y_i a las nuevas variables y a x_i las antiguas. La variable x_1 no cambia, supuesto que es la variable de mayor valor:

$$y_1 = x_1, \quad y_i = x_i \ / \ (1 - y_1), \quad i \geq 2.$$

10.3. Transformación por doble estandarización

Con el objeto de dar el mismo peso a todas las variables se puede utilizar una transformación clásica, la doble estandarización. Para ello hemos se centran y reducen cada uno de los individuos (por filas) y posteriormente se repite la misma operación para las variables (columnas).

10.4. Transformación por logaritmo

Otra transformación habitual de los datos es por medio de la función logaritmo, de modo que la gran varianza existente entre las variables originales se estabilice. La siguiente transformación sigue la expresión propuesta por Kendall *et al.* (1966), donde las y_i son las nuevas variables, las x_i las originales y donde $x_i \ / \ n$ es la proporción observada:

$$yi = \text{Log} \ ((x_i \ / \ n) \ / \ (1 - (x_i \ / \ n))) = \text{Logit} \ (x_i \ / \ n), \quad \text{i} \geq 1.$$

Para esta transformación, Anscombe (1948) propone una ligera modificación, que consiste en sustituir $x \ / \ n$ por $(x + 3/8) \ / \ (n - 3/4)$.

De forma similar a como se ha hecho con la transformación mediante la función arcoseno de la variable *alcohol*, del fichero de datos sobre las cervezas, que hemos utilizado de ejemplo en varias ocasiones, se puede hacer con la variable, *precio*, por ejemplo, para transformarla según la función logaritmo. Para ello se procede como antes y se considera una nueva variable, *logaritm*, definida por la expresión numérica siguiente:

$$logaritm = \log((precio/n)/(1-(precio/n)))$$

El proceso a seguir es similar al descrito anteriormente, con la diferencia de que ahora se debe seleccionar la función LG10 (expr_num).

REFERENCIAS

AITCHINSON, J. (1984), «The statistical analysis of geochemical compositions». *Jour. Int. Assoc. Mathematical Geology, 16*, 531-564.

ANSCOMBE, F. J. (1948), «The transformation of Poisson, Binomial and Negative-Binomial data». *Biometrika, 35*, 246-254.

BENZÉCRI, J. P. *et al.* (1973), *L'analyse des donées. 1. La Taxionomie. 2. L'Analyse des Correspondances.* Paris: Dunod.

CHAYES, F. (1967), «On the graphical appraisal of the strength of associations in petrographic variation diagrams». In *Researches in Geochemistry, 2*, 322-339. P.H. Abelson (ed.), John Wiley & Sons Inc. New York.

CHERNOFF, H. (1973), «Using faces to represent points in *k*-dimensional space graphically». *J. Am. Statis. Assoc., 68*, 361-368.

CUADRAS AVELLANA, C. M. (1981), *Análisis Multivariante.* Laboratorio de Cálculo, 23. Barcelona: EUNIBAR.

CZEKANOWSKI. J. (1909), «Zur differentialdiagnose der Neandertalgruppe». *Korrespondenzblatt Deutsch. Ges. Anthropol. Ethnol. Urgesch., 40*, 44-47.

DAVIS, J. C. (1986), *Statistics and data analysis in Geology.* New York: John Wiley & Sons Inc.

DIDAY, E. (1972), «Optimisation en classification automatique et reconnaissance des formes». *Rev. Fr. Inf. Rech. Spér., 6th year*, 61-95.

ESCUDERO, L. F. (1977), *Reconocimiento de patrones.* Madrid: Paraninfo.

ETXEBERRIA, J.; JOARISTI, L. Y LIZASOAIN, L. (1990), *Programación y análisis estadísticos básicos con SPSS/PC+.* Madrid: Paraninfo.

EVERITT, B. S. (1977), «Cluster analysis». In *The analysis of survey data, Vol. 1*, 63-88. C.A. O'Muircheartaigh and C. Payne (ed.),

FLURY, B. (1980), «Construction of an asymmetrical face to represent multivariate data graphically». *Technischer Bericht Nr. 3.* Institut für Mathematische Statistik und Versicherungslehre. Universität Bern.

FLURY, B. AND RIEDWYL, H. (1981), «Graphical representation of Multivariate data by means of Asymmetrical Faces». *Journal of the American Statistical Association, 76*, 757-765.

FLURY, B. AND RIEDWYL, H. (1983), «Some applications of asymmetrical faces». *Technical Report No. 11.* Institut für Mathematische Statistik und Versicherungslehre. Universität Bern.

FRUDE, N. (1987), *A guide to SPSS/PC+.* London: Macmillan Education.

HEINCKE, F. (1898), «Naturgeschichte des herings. I. Die lokalformen und die wanderungen dees herings in den europäischen meeren». *Abh. Deutsch. Seefischerei-Vereins, 2,* icxxxvi, 1-223.

HELMUTH, S. (1980), *Cluster analysis algorithms.* New York: Willey.

HERNÁNDEZ ENCINAS, L. (1988), «Identificación de factores de consanguinidad en un conjunto polimuestral. Aplicaciones a la Petrogénesis Ígnea». *Tesis de Licenciatura.* Dpto. de Geología. Área de Petrología y Geoquímica. Universidad de Salamanca.

HERNÁNDEZ ENCINAS, L. Y BEA BARREDO, F. (1989), «Técnicas geomatemáticas para la separación de diferentes series de rocas ígneas a partir de elementos mayores». *Studia Geologica Salmanticensia, XXVI,* 215-247.

HERNÁNDEZ ENCINAS, L. H. (1992), «Estudio de métodos de cluster en muestras grandes y aplicaciones a problemas de clasificación geológica». *Tesis de Doctorado.* Dpto. de Matemáticas. Área de Estadística e Investigación Operativa. Universidad de Salamanca.

HERNÁNDEZ ENCINAS, L. (1994), «Partitioning arge data sets: use of statistical methods applied to a set of Russian igneous-rocks chemical analyses». *Computers & Geosciences, 20,* 10, 1405-1414.

JAMBU, M. AND LEBEAUX, M. O. (1978), *Classification automatique pour analyse des donnés. I et II.* Paris: Dunod.

JAMBU, M. AND LEBEAUX, M. O. (1983), *Cluster analysis and data analysis.* New-York: North-Holland Publishing Company.

KENDALL, M.; STUART, A. AND ORD, J. K. (1966), «The advanced theory of statistics». Vol 3. In *Design and analysis, and time-series.* Charles Griffin & Co. Ltd. London. 4ª ed. 1983.

LANCE, G. W. AND WILLIMAS, W. T. (1966), «Computer programs for hierarchical polythetic classification (similary analyses)», *Computer J., 9,* 60-64.

LE MAITRE, R. W. (1982), *Numerical Petrology. Statistical interpretation of geochemical data.* Developments in Petrology, 8. Amsterdam: Elsevier Scientific Publishing Co.

LEBART, L.; MORINEAU, A. AND WARWICK, K. M. (1984), *Multivariate descriptive statistical analysis. Correspondence analysis and related techniques for large matrices.* New York: John Wiley & Sons.

LING, R. F. (1972). «On the theory and construction of *k*-clusters». *Computer J.*, 15, 326-332.

MARTÍN MARTÍN, Q.; CABERO MORÁN, M. T. Y ARDANUY ALBAJAR, R. (1999), *Paquetes Estadísticos. SPSS 8.0.* Salamanca: Hespérides.

MARTÍNEZ ARIAS, R. (1999), *El análisis multivariante en la investigación científica. Cuadernos de Estadística.* Salamanca: La Muralla-Hesperides.

MICHENER, C. D. AND SOKAL, R. R. (1957), «A quantitative approach to a problem in classification». *Evolution, 11,* 130-162.

MILLIGAN, G. W. AND COOPER, M. C. (1985), «An examination of procedures for determining the number of clusters in a data set». *Psychometrika, 50,* 2, 159-179.

MOUNTFORD, M. D. (1970), «A test of the difference between clusters». G. P. Patil, E. C. Pielon and W. E. Walters (ed.), In *Statistical Ecology*, 3, 237-257. Pennsylvania State University Press, University Park, Penna.

NORUSIS, M. J. (1985a). *SPSS/PC+ for the IBM PC/XT/AT*. Chicago: SPSS Inc.

NORUSIS, M. J. (1985b). *Advanced statistics. SPSS/PC+ for the IBM PC/XT/AT*. Chicago: SPSS Inc.

PEARSON, K. (1926), «On the coefficient of racial likeness». *Biometrika, 18*, 105-107.

QUIROZ, G. Y FOURNIER, M. L. (1987), *SPSS Enfoque práctico*. México: McGraw-Hill.

RAO, C. R. (1948), «The utilization of multiple measurements in problems of biological classification». *J. Roy. Statist. Soc., Ser. B, 10*, 159-193.

SÁNCHEZ GARCÍA, M. (1978), *Modelos estadísticos aplicados al tratamiento de datos*. Centro de Cálculo. Madrid: Universidad Complutense.

SCHÜPBACH, M. (1984), «Asymmetrical faces on IBM and Olivetti PC». *Technischer Bericht Nr. 16*. Institut für Mathematische Statistik und Versicherungslehre. Universität Bern.

SCHÜPBACH, M. (1987), «Asymmetrical faces in Turbo Pascal». *Technischer Bericht Nr. 25*. Institut für Mathematische Statistik und Versicherungslehre. Universität Bern.

SIMPSON, G. G. (1961), *Principles of aninal taxonomy*. New York: Columbia University Press.

SNEATH, P. H. A. (1957a), «Some thoughts on bacterial classification». *J. Gen. Microbiol., 17*, 184-200.

SNEATH, P. H. A. (1957b), «The application of computers to taxonomy». *J. Gen. Microbiol., 17*, 201-226.

SNEATH, P. H. A. AND SOKAL, R. R. (1962), «Numerical taxonomy». *Nature, 193*, 855-860.

SNEATH, P. H. A. AND SOKAL, R. R. (1973), *Numerical taxonomy. The principles and practice of numerical classification*. San Francisco: W. H. Freeman and Co.

SOKAL, R. R. AND MICHENER, C. D. (1958), «A statistical method for evaluating systematic relationships». *Univ. Kansas Sci. Bull., 38*, 1409-1438.

SOKAL, R.R. AND SNEATH, P. H. A. (1963), *Principles of numerical taxonomy*. San Francisco: W. H. Freeman and Co.

SPSS INC. (1985). *SPSS statistical algorithms*. Chicago: SPSS Inc.

SWITZER, P. (1970), «Numerical classification». D. F. Merriam (ed.) In *Geostatistic, a Colloquim*, 31-43. New York: Plenum Press.

WHITTEN, E. H. T.; LI, G.; BORNHORST, T. J.: CHRISTENSON, P. AND HICKS, D. L. (1987), «Quantitative recognition of granitoid suites whitin batholiths and other igneous assemblages». *Statistical Methods in the Earth Sciences*, 55-73.

WONG, M. A. (1982), «A hybrid clustering method for identifying high density clusters». *J. Amer. Statist. Assoc.*, 77, 380, 841-847.